愿你的青春
不负梦想

【英】塞缪尔·斯迈尔斯◎著

静涛◎译

台海出版社

图书在版编目（CIP）数据

愿你的青春不负梦想 / (英) 斯迈尔斯著 ; 静涛译.
-- 北京 : 台海出版社, 2018.1
ISBN 978-7-5168-1728-5

Ⅰ.①愿… Ⅱ.①斯… ②静… Ⅲ.①成功心理 - 青
年读物 Ⅳ.①B848.4-49

中国版本图书馆CIP数据核字（2017）第318075号

愿你的青春不负梦想

著　　者：(英) 斯迈尔斯		译　者：静　涛	
责任编辑：姚红梅		装帧设计：MM末末美书	
版式设计：曹　敏		责任印制：蔡　旭	

出版发行：台海出版社

地　　址：北京市东城区景山东街20号　　　　邮政编码：100009

电　　话：010 - 64041652（发行，邮购）

传　　真：010 - 84045799（总编室）

网　　址：www.taimeng.org.cn/thcbs/default.htm

E-mail：thcbs@126.com

经　　销：全国各地新华书店

印　　刷：保定市西城胶印有限公司

本书如有破损、缺页、装订错误，请与本社联系调换

开　　本：880mm×1280mm	1/32	
字　　数：140千字	印张：7	
版　　次：2018年5月第1版	印次：2018年5月第1次印刷	
书　　号：ISBN 978-7-5168-1728-5		
定　　价：29.00元		

出版说明

英国19世纪的道德学家、社会改革家和散文随笔作家、著名成功学家导师塞缪尔·斯迈尔斯的作品《自己拯救自己》一度被当作欧美青年读者的人生教科书。鉴于渴望成功的人需要内心强大，才能怀抱希望，进而实现梦想，我们根据内容的不同将《自己拯救自己》分为三册，希望能够给许许多多找不到方向的人，走了弯路的人予以指引，引导他们更快成功。

"经典永不过时"，那些激励过一代代年轻人的话语和事例在今天依然有用。但由于作者所处的时代与社会环境与当下的中国有较大的差异，故文中的许多现实状况与观点对现在中国的读者较为陌生。请读者阅读时注意，文中的观点仅代表原作者的观点。文中提到的"当代""现代"等指的是作者所处的时代。在选编时我们已做出了一系列修订，若还有不足之处，敬请读者指出。我们会在再版时加以改正，谨在此致以真挚的谢意。谢谢！

前言
Preface

塞缪尔·斯迈尔斯（1812—1904），英国人，他被包括卡耐基在内的后人尊崇为成功学的导师。事实上，斯迈尔斯的首要身份并非成功学家，而是卓越的政治改革家和道德学家。也正因为这一点，他的作品具有一层更深的意义，其所蕴涵的思想价值超出了一般意义上的"成功学"，带有浓重的哲学意味。

甚至可以说，斯迈尔斯首先注重的是西方近现代的文明和秩序，他的成功学著作中有一部分就是讲社会的道德文明，对后世产生了深远的影响。其作品畅销全球100多年而不衰，成为世界各地尤其是欧美年轻人的人生教科书，甚至有人称其作品为"文明素养的经典手册""人格修炼的《圣经》"。

本书是根据斯迈尔斯作品《自己拯救自己》中有关青春时期遇到的问题以及年轻人如何才能够成功、达成理想、完成梦想等内容提炼选编而成，可以看成斯迈尔斯写给迷茫的年轻人的指路书。斯迈尔斯的《自己拯救自己》是在1859年出版的，一经上市立即引起强烈反响。英国、法国、德国、西班牙、丹麦、美国、日本、俄罗斯等国争相出版，不断重印，被公认为现代成功学的开山之作。

我们之所以编译这本书，是想以此献给每一天都在拼搏的年轻人，愿他们的青春不负梦想。

谁的成功都不可能一蹴而就，梦想也从不是唾手可得。年轻的我们都有过迷茫，都会有不知所措的时候，有执着，有遗憾，有求而不得……在这本书中，我们以"青春"和"梦想"两大主题，作为引导全书的主要线索，讲述年轻人在青春时期遇到的问题，以及要怎么解决，并着重地论述年轻人应该抱有什么心态和养成什么习惯，才能够追逐自己的梦想。所以，如果想要为解决当下面临的诸多问题找到更好的方法，找到指示前进的方向，想要弥补过去，这本书将是你不二的选择。

我们相信这本书不仅仅是一个成功者的经验分享，还能够给读者信心和鼓舞，让读者在生活、学习、工作中永远充满积极向上的正能量，汲取不断奋斗的动力，为不甘平凡的自己找到一个出口，成就自己的梦想。

目录
Contents

你的责任就是你的使命

愿你不改初心，不忘梦想

年轻，不是放纵自己的理由

年轻是学习知识和技艺的好时期，是一个人为成就一番事业打下坚实基础的时期。年轻时要心无旁骛，不要好高骛远，不要欲望太盛，更不要放纵自己……

学会节俭，避免贫困和疾病

每个人都应该学会节俭，节俭不仅仅体现在理财上，它更是一种生活方式，穷人如果不节俭可能生活会越来越艰难，富人如果不节俭又可能会变成穷人。

穷人和富人一样，要吃饭、生活、工作和睡觉，贫穷让他们无法考虑太多的事情，比如灾难和疾病，他们也很少祈祷以后的日子能越过越好，生活的艰辛已经磨灭了他们的希望。只要今天有饭吃，有活儿干，他们就已经谢天谢地了，都不敢奢望有朝一日自己能摆脱贫穷的日子，过得再好一点。

原始部落的人们也是如此，满足于现状，不去想还可以更富有一点，也不会变得更贫穷。

居住在北极圈周围的爱斯基摩人，他们的生活和发达城市的穷人们差不多，从不考虑将来。如果眼下有了食物，比如很多的鲸脂，他们就会大吃一餐，接着开始呼呼大睡。文明社会的人们肯定会觉得这种做法实在过于浪费，没有规划。不过爱斯基摩人并不觉得有什么不妥，他们从古至今便是如此生活，对未来不做过多的打算，不管生活是富裕还是困难，都保持着愉快的心情。在他们看来，把东西存着不吃是很浪费的行为。

在人们看来，居住在严寒气候里的人要比住在温暖气候里的人更勤快、更富裕。漫长的冬季和低温会让人们在温暖的时候就备好冬衣、粮食和燃料，也让人们不得不提高做事的效率，所以很多处于欧洲寒冷气候圈里的国家都认为是严寒造就了他们的财富。我们可以看到，西西里人、安道尔人和墨西哥人明显没有德国人、荷兰人、美国人、加拿大人和比利时人那么勤快。

纽渥克的国会议员，已故的爱德华·丹尼逊先生，他在伦敦的东区贫民窟里建造了一座多功能用途的教堂，这座教堂的外部墙壁都是用铁皮制造的，花费了他不少的心血。教堂的第一层可以给孩子们上课、玩耍，男人们也可以在这里消遣聊天、玩游戏，总之不让他们老待在饭馆里喝酒。爱德华·丹尼逊先生认为，贫民们之所以贫穷，是因为他们的思想教育没有得到培养，生活环境太过脏乱。物质都得不到满足，谁还会考虑精神需求。于是穷人们日复一日地周旋在贫穷、脏乱和疾病中，没有人来引导他们走上正确的道路，那位传教牧师虽然用自己饱满的精神为困苦的人们做了许多善事，但他的善事只集中在物质上，每天考虑着要怎么才让人们吃得饱穿得暖，没有对他们的精神世界进行挖掘，因此他的善行不能取得很大的成果。每年冬天我们都可以看到类似这种善行的活动……即使是在最富有的国家里，也会有很多无人接济的难民，他们在饥饿和寒冷面前是多么的无奈，在前方等待他们的永远都是死亡。在以前的社会里，人们还懂得相互帮助，在那时的冬季里死亡的人数要远远少于现在。现在的我们已经忘记了该如何帮助他人，或者说是已经变得无情，放任贫穷肆意蔓延，只要自己不愁吃穿。我们应该肩负的责任和义务都被丢弃了。

要是人人都能接受良好的教育，学习怎么勤俭持家，很多事情就不会有发生的机会。丹尼逊先生也说："贫穷和疾病是人类一手造成的，如果人们踏实稳重，细心过好每一天，对未来能有一个好的规划，那么社会上就不会再有穷人，也不会有人为生计而苦恼。生活中不可避免存在着一些困难，我们只要淡然地面对，想到好的解决办法，就不愁会有什么负担，因为我还有一份工作可以给我提供薪水。比如一个在码头搬运的工人，他可以把每周薪水省下一半，留着日后使用，要是他没结婚，并且没病没灾的话，这真是一个不错的主意。他完全不用替以后的生活担忧。"

丹尼逊先生认为，勤俭不一定只是女人该做的事，男人们也要勤俭，不管你挣的钱是多是少，都可以聚少成多攒下一笔钱。我希望人们能够提高自身觉悟，每一个人都能坚持勤俭节约，这样一来贫穷的人也会少很多，人们不用为生病和失业发愁，要不然这只是一个漂亮的肥皂泡，空有美好的设想，却没有行动。不知道我能否在有生之年看到如此幸福的生活，我想这是要经过两代人的不懈努力才能显出一些成果的巨大工程。法律和教育会指导人们的生活方式，只要努力学习改正，就可以让自己变得更加富有和健康。

丹尼逊先生把古尔西的居民和英国的工人在生活上进行了对比，这两种人都比较贫困，但是他们的贫困也有着明显的差异。英国工人的薪水很高，往往在拿到薪水后就不停地消费，最后一分钱也不剩下。而古尔西居民们的薪水总是要迟一点才会到达他们手中。这些居民们生活简朴，不管多穷也是靠自己努力，而不会依赖别人的施舍。他们每周只吃一餐猪肉，尽量不吃熏肉类和新鲜蔬菜，平时吃的是由豌豆、包心菜和少许油熬制成的汤。哪怕那些财主们有很多粮食和牲畜，他们照样吃这些简单的食物，然后把省下来的肉产品和别的东西放在市集上出售，再把赚来的钱投资在土地、股票上。无疑这是围绕着土地进行的赚钱方式。

不幸的是，丹尼逊先生还未完成他的研究就离开了人世，他还没有深度剖析导致贫穷的根本原因，但是我们可以知道，丹尼逊先生一直很反感过度消费，认为这是引起贫穷的原因之一，可现代人执迷不悟，未曾认识到这个问题。奢靡生活已经蔓延到整个社会，不管是工人阶级还是上流阶级，都过着荒淫无度的日子，尤其是上流阶级，每个人都只注重自己的打扮和权势，攀比之风日益盛行。

不能否认英国的劳动人民是很勤劳的，其他国家的人民无法和他们相比。但不可避免的是他们在勤劳的同时还有着挥金如土的坏习惯，让他们无法安定地生活在愉快富裕的社会里。虽然他们的薪水比专门技术人才还要高，可他们不会精打细算，钱一到手就花光了，白拿着高工资，过的却是穷困的生活，幸而现在社会安稳，要是在动荡年代，他们可要受不少苦了。

所以，我们要养成良好的生活习惯，拒绝铺张浪费，不然薪水永远满足不了我们的欲望。恰得维克先生在演讲中说："棉花发生短缺的时候，不少人在救济站前排队等着发放救济物资，他们想不到的是，这些发放物资的人之前还被别人认为是穷人，其实他们是很富有的。"

在困难和危险还没来临的时候，人们的警惕心也收了起来，大家忙着唱歌跳舞，饮酒作乐，薪水很快被花光，等到困难突然出现在眼前，人们慌乱得不知道该怎么应付。如果更加不幸，被老板辞退，恐怕只有祈求上帝给他们继续生活下去的希望了。

越是困难时期，越要努力工作

有一种让人觉得可信的观点，每个人的行为都会对这个世界产生影响，而这影响我们却无从了解。我们的生活可以说受到了所有人的影响。无论是好的言行还是坏的言行，它们都会流传下去，并对他人造成影响。就连一个无足轻重的人也无法保证，他自己的行为不会对他人造成好的或坏的影响。

人的精神不会随着人的死去而烟消云散，它们是永恒存在的，会一直生活在我们的周围。在理查德·科布登去世时，下议员迪斯雷利有段蕴含意义的发言："不管事情如何变化，时间如何流逝，他作为下议院一部分的事实是无法改变的。"

世界与人生一样具有不灭的本质。在宇宙中，人类都是互相联系的整体，他们不是单个存在的。他们的行为会给人类的善行带来影响，不管时间如何流逝，这种好的或有害的影响都会存在。我们过去的祖先通过遗留下来的事迹影响了我们，由此可知，我们现在的行为也会给将来的社会施以影响。万世传承下来的文化孕育了人类。在如今，我们这代人也是前人影响下结出的果实。与我们受到古人影响的道理同然，我们现在所做的事，也会对很久以后的人造成深远的影响。所有人的品行都会流传下来，就算他的肉体湮灭，这些行为也不会毫无痕迹，后人依旧会受到好的或坏的影响。

我们能够借助巴比奇先生作品里的一段话来表述他的观点，他是这样写的："哲学家和传说会把那些好的行为，抑或是坏的行为流传给后人。这些行为会被用不同的方法与一些毫无价值的东西结合在一起。所有人的话都被永远记录在空气这个最大的图书馆里了。那些最近或最早留下的道德印迹、无法收回的承诺、难以兑现的誓言都将掺杂在他们无法改变和没有错误的个性里，并且被永远记载在那个最大的图书馆里，他们的行为中也将永远留有这些东西的影子。人类因为受影响而多变，以上观点很好地解释了这一点。要是我们的所有行为都会被空气所记录，同理可得，那些自然中的其他如大地、海洋那些不朽的存在都将会是我们行为的见证者。不管是自然的事实，还是人为的因素，它们所用的一切都会流传下去。上帝如何建立祂的法律？祂只要在第一个罪犯身上留下烙印，后面的罪犯都将会为他们自己的罪行背负无法抹去的疤痕。那些构建道德的因素，它们每一个不管如何变化都不会改变其本质。那些罪行也是因为本质的区别而与其他罪行区分开来。"

由此可知，那些我们身边发生的事和我们所做的事都会影响到我们。这些事会影响到我们的人生和整个社会。我们无法详细地在现实生活里了解它的影响。它是多变的，有着许多不一样的形态，对于不同的人它也有着不同的影响。但有一点我们是可以肯定的，它的影响不会消失，会永远地存在下去。良好榜样的作用，在此看来就显得更加重要了。这是一种不需要用言语进行传播的教育方法，这方法简朴而珍贵，就连那些穷人和地位低下的人都能借此教育他人。它并不会因为环境的恶劣而失效，在越黑暗的地方，它的高尚榜样越显闪亮。那些道德高尚的人不管在哪里，不论环境如何艰险，他们都能发出耀眼的光芒。只要勤劳耕耘在自己的土地上，形成良好的道德，这个人就会被民众传颂百年，他的子孙们也会受其影响。在普通的工厂里，人们若能学会勤劳，拥有科学知识和高尚的道德，那么工厂就是最好的学校。可是同样在这所学校里，我们还可能学会懒惰、愚蠢和卑劣。选择权都在人们自己手上，面对机会采取不同的态度，也就会有不同的结果。

只要没有虚度光阴，有着充实的人生经历，那这个人的优秀品质就会被自己的孩子和世界所保存下来，他的经历会成为最有教育意义和说服力的课件，而不仅仅是一个平常的故事。波普在反驳郝唯的讽刺时说道："我没有因为我父母的行为羞耻过，同样，我也没做过令他们难过的事。我认为，这样的人生是对得起自己良心的。"你只有通过实际行动，别人才会真正了解你要做什么，只靠语言是无法让别人信服的。

在与斯托夫人的一次谈话中，奇泽姆夫人是这样谈自己的成功诀窍的，她说："我了解到，只是说是没有任何效果的，所有的事只有亲自行动才能得到解决。"纸上谈兵是无法让人信服的。要是奇泽姆是个光说不练的人，她的研究也就只能停留在泛泛而谈的较低层面了。人们对于她的身体力行给予了肯定，看到事实果真如她所说的那样，大家也都信服了她的观点，并开始协助她完成工作。哪怕是最善良的工作者，仅仅通过语言表达的思想也是缺乏力量的。

在最困难的时期，那些真正具有高尚品德的人都会努力工作，工作会令他们在社会上的实际价值得以增长。对于犯罪改造的问题，托马斯·莱特有很多想法可以与人谈论。对于建立贫民窟儿童免费学校的必要性，约翰·庞德也可以说出许多道理。可是他们都没有对别人高谈阔论，而是努力工作，通过工作来实践自己的理想。

社会底层的穷人们，他们在社会中起到了何种作用呢？对于此，格斯里医生，这个贫民儿童免费学校运动的传道士，是这样评论那个叫约翰·庞德的皮鞋匠的一生的：

"他是一个好榜样。他的一生大部分时间都是在普罗维登斯度过的。他的人生对周围的环境产生了细微的影响。他的事例很特殊，我个人对他的事迹很感兴趣。我通过一张老照片，开始对这个贫民儿童免费学校产生了兴趣。这张照片上展示的是一个位于福斯河口岸边的阴暗破落的小镇。托马斯·查尔马斯，他就出生在那个经济萧条的地方。在许多年前，我去过那个小镇。我走在小镇的街道上，随意走进了路边一个酒吧里，酒吧里面的墙上贴满了图片，大多是牧羊女和水手的图片，我对那些图片并没有什么兴趣。可是有一张与众不同的图片引起了我的兴趣，那张图片很大，在壁炉架上挂着，它上面画着一个修鞋匠的房间。画里的修鞋匠戴着眼镜坐在一张椅子上，膝盖上放着一只鞋。那个人有着棱角分明的嘴唇和宽阔的前额，从画面给人的感觉来说，这个人应该具有坚毅的性格。那些贫穷的孩子们在他的浓密眉毛下隐约浮现。他们都围坐在鞋匠周围，一副认真的神情，聚精会神地听着鞋匠讲课。

"我对那个鞋匠有了浓厚的兴趣。我走上前去，看了画像下面写的说明文字，知道了那人是个朴茨茅斯的鞋匠，他名叫约翰·庞德。他是个富有同情心的好人，对于那些被政府和亲人们抛弃的可怜孩子，他伸出了关怀之手。他像个牧羊人那样，把这些迷途的羔羊收养了起来。这些缺衣少食的可怜孩子被他的辛勤劳动养育着。他给大约五百名孩子提供了衣服、食物，还有教育培养。

"面对这个崇高的人，我深感惭愧。我的渺小让我无地自容。对于他的伟大事迹，我也很吃惊。当时的情况我还记忆犹新，我充满热情地向我的伙伴说道：'他是人类永远的骄傲。哪怕修筑一个最高的纪念碑纪念他的功勋，这也是恰如其分的。'到现在，我也不认为我的话有什么不妥。那个鞋匠的事迹激励了我，我也像他一样对大多数人给予了同情心，我继续执行着他的事业。保罗是一个聪明人，他没有别的途径帮助他人时，他想到了艺术，通过它帮助了一个贫穷的孩子。约翰·庞德也非常聪明，他有着让淘气孩子回到课堂的方法，不是用暴力，而是用自己的热情，不断地感化那些顽皮的孩子，让他们真心去学习。"

　　爱尔兰人都很乐善好施，这事格斯里医生也清楚。约翰·庞德总是一副破旧的打扮，可是在旁人眼里他对孩子们的照顾就像爱尔兰人一样热情。人们在为那些享有荣誉之人歌功颂德之时，他们的优秀事迹也会随之传播到世界各地。它能影响到所有的人，无论贫富，不论贵贱，人们都会被那人所吸引，接受他的影响。"我做的事情哪怕再微小，只要我坚持下去就一定能够取得好的结果。"约翰·庞德如此说道。

无所事事足以杀死所有人

自古以来，人类的进化与社会的发展进步都离不开劳动。查尔斯·詹姆士·福克斯做事很勤劳，也很喜欢劳动，他也总是这样要求自己。

他在做国务卿的时候，因为很不满意自己的字，就请了一位善于写字的人来教自己。这之后，他就像个小学生一样，不停地临摹和抄写，终于他的字有了很大的进步。他的身体有些肥胖，一般来说旁人都是能不动则不动的，而他却非常喜欢动。他在打网球的时候，总是去捡那些落在地上的球。大家都很奇怪，就问他为什么这么做。他开玩笑地回答道："因为我勤劳，而且一直都是。"

劳动的重要性是不言而喻的，它甚至可以看作是个人进步和国家文明进程的根基和动力。

假如一个人所有的愿望，都不需要通过努力劳动就能够实现的话，那么这并不是他的幸运，反而是他的不幸。因为，这就意味着他的人生目标不需要奋斗就实现了，那么他的人生就没有体会到奋斗过程的意义。从某些方面来说，这种生活是最让人失望的。

贺瑞斯维拉的哥哥去世了，史齐诺拉侯爵问贺瑞斯维拉，你的哥哥是怎么死的？

他回答说："他死于无所事事。"

"是啊，"史齐诺拉说，"这个死因足以杀死我们所有的人！"

在这个社会上，不管你的身份和地位如何，都没有理由不参加劳动。

70岁的老人约翰·帕特森先生说："一个没有做过繁重体力劳动的人，简直不配被称为劳动者。那些在田间劳作的当然是劳动者，除此之外各行各业都有劳动者。我也是个劳动者，我还是孩子的时候就参加劳动了。法官，这份职业绝不是我们想象中的那么清闲，虽然法官们的待遇很好，但他们也必须像农人一样努力工作。不过，农人是工作，而法官忙碌的是许多法律问题。他们必须熟识相关事实，熟悉许多法律条文，判决要公正。

"他必须不断地思考一些复杂的案子，这会让他有些烦闷；每一次判决，都关系到双方当事人性命攸关的利益问题，要想解决好每一个案子上的事，就必须全面地掌握案件的材料，依法作出公正的裁断，这样才不会使人含冤。如果没有做上述工作，就开始作出判决，那就可能让人含冤而死。所以好的法官必须努力而严肃地工作。不管别人怎么看，那些真正了解法官的人，会深深地认识到作为一个法官身上担子有多么重。"

不管你是贵族还是平民，不管你是穷还是富，都要尽力为社会作贡献，出自己该出的那一份力。哪怕你是一个世袭的贵族，也需要为社会作贡献，不能理所当然地享有一切。如果像寄生虫一样，而且还认为靠着别人的劳动而活是很正常的，那么就只会整天吃喝玩乐。而这些人只能为世人所不齿。

有些人靠吃别人的劳动成果而生活了一辈子，却没有为别人作出一点贡献。他们是懒惰的，应当取消这些人的特权。当然了，不是所有有特权的人都是只知道白吃白喝的，他们当中的许多人当然会努力为社会作贡献。只有那些无耻之徒，才会满足于白吃白喝，而在世人的白眼中安然地度过每一天。一些贵族们堕落了，他们享有的尊荣和自己的贡献是极不相符的，因为他们的良心已经泯灭了，懒惰和腐化已经深深地侵蚀了他们。

不想付出就想成功，只有懒惰的人才会有这样的想法。在付出艰辛的劳动后，人们才能真正地体会到自己所收获事物的美好，也才能体会到收获的价值，也因此才会珍惜它。同样，当我们回忆这个过程的时候，也才会感到快乐，这是一定的。度假村是一个休闲的地方，可如果去那里的消费不是你劳动得来的，一样也不是真正的悠闲。没有付出自己的劳动，你享用它就是不对的。

德国文艺理论家、剧作家莱辛说："不思进取而又无所事事是非常可怕的。如果上帝的一只手中是'真理'，另一只手中是'寻找真理'，并让我二选其一的话，我会说：'上帝啊，我想去寻找真理，这对我的人生很有意义。真理还是留着您占据掌握吧！'"

在紧张的劳动之余，稍作休息，放松一下自己后再工作。

这样的休息和悠闲才是值得的，如果单纯为了休息去休息，或者干脆就是无所事事地待着，其结果只能是空虚和郁闷。过度的悠闲，对身体也没有什么好处，这就像吃得过多会让人感到难受一样。无论是穷还是富，只要无所事事就会变得空虚、烦闷、无聊。不管什么人，只要不劳动就不会幸福。

有一位40多岁的乞丐总觉得活着没什么意思，于是他选择到法国的布尔热监狱，他在那里生活了8年。他的右臂上文了这样一句话："过去的日子欺骗了我，现在的生活在戏弄我，将来——我对它满怀恐惧。"这句话准确地描述了天下所有懒惰者的心理。

1869年，斯坦利勋爵出任格拉斯哥大学校长，他在就职典礼上作了一篇很让人感动的演讲："一个碌碌无为的人，不管有多么响亮的名声，也不管他有多么良善，他都不会、也不可能得到真正的幸福。因为，没有劳动的生活就不是生活。我从你做了什么当中，就能知道你大体是什么样的人。一个有着良好品德的人要热爱自己的工作，只有这样才能抵御各种和懒惰有关的思想侵蚀。而且，也只有热爱劳动、尽职尽责才能摆脱自私自利带来的许多烦恼。有人认为'躲进小楼成一统'，就能够不被外界的俗事所干扰了，自己就能一个人生活了，也就会没有烦恼和不幸了。但是，许多'隐身于世外'的人说，即使隐居也同样有烦恼，而且也同样需要辛苦的劳动。"

斯坦利勋爵说："总想躲避烦恼的人，烦恼和忧愁反而会越来越多。懒惰的人总想做轻松一些、简单一些的事，他们希望自己做的事既不费力又不劳神，但是上帝是公平的，他总不让这些懒惰的人成功，它甚至会把轻松、简单的事变得不容易做。那些懒惰而又自私的人，总有一天会意识到上帝对他的惩罚；上帝不会放过那些没有责任的懒人。这种人的脑子里全是自私自利、卑劣而又庸俗的想法，从来没有公众的品性。由于自私的世界观已经在他们的大脑里形成，以至于他们那原本可以形成的正确世界观已经荡然无存，各种各样的私欲已经腐蚀了他们。许多不求上进的人，就这样浪费了自己的一生。"

不要成为虚荣心的奴隶

俗话说"人无完人"，每个人身上都有或多或少的弱点，有些弱点无关紧要，可是有些弱点确实让不少人吃了很多苦头，作为人性弱点之一的"虚荣心"常常会让一个人不再率真，注重表面，喜欢攀比，忽略了内在的修为，不再积极进取；让一个人变得虚伪，开始欺骗隐瞒，严重一点会丧失良知，误入歧途，走上违法犯罪的道路……

在如今，人们似乎越来越看重金钱，对金钱的渴望让人们开发出不少赚钱的途径，其中很多都是旁门左道或者投机取巧的行为，大家不在乎赚钱的方法是否妥当，只想把自己的财富变得越来越多。

生活中随处可见人们的铺张浪费。街上的人们衣服一个比一个华丽，首饰也越来越多。每个人都住豪宅、吃美食，还有很多地方，我在这就不一一列举了。我们应该意识到，如果自己没有太多的能力去享受奢华的生活，那就平平淡淡地过日子好了，何必打肿脸充胖子呢？商人们为了吹嘘自己的财产，不惜四处借钱撑场面，把自己不擅长的生意也揽过来以显示能力，最后被债主告上法庭，背上欺诈的罪名。

人们关注自己的外表胜过内心，竭力把自己打造成有钱人的模样，让别人对自己的第一印象就是家财万贯，出身高贵。其实这都是在用未来的钱支撑现在的生活。罗伯森和洛德帕斯的奢靡生活大概是每个爱慕虚荣的人想要的，虽然不是每个人都能达到他们那样，但还是有不少人能做到与他们持平。

这些爱慕虚荣的人每时每刻都在思考如何享受到更多的乐趣，他们不管自己的收入是否超支，不管自己的能力是否可以应对庞大的欠债，他们只在乎别人拥有的东西，自己也要得到，不惜任何手段都要得到。要是在某一方面落后了别人，就会觉得自己特别没面子，会被别人看不起。他们认为人们之所以尊重我，是因为我的生活品位高尚，谈吐不凡，穿着讲究，哪怕这些都是自己伪装的。他们已经利欲熏心。

就算是欺骗，也要让自己看起来光鲜靓丽，才好结交其他的富人。穷苦的生活是他们要极力掩饰的。还未得到薪水，就已经欠下一堆债务，然后薪水在手中还没有捂热，就得还给众人。总有一天他们摇摇欲坠的生活会彻底崩塌，到那时，所谓的朋友便会作鸟兽散，没有一个人能对他的不幸表示同情，并伸出援助之手。这时，可怜的人儿只能默默接受残酷的现实。

其实只要大胆地拒绝，坦诚地告诉别人自己并不是一个富人，你的负担还会那么重吗？要是因为你没有钱，那些朋友离你而去，你也不用觉得难过和没面子，这些人只不过是奔着你的钱而来，有钱的时候会围着你，没钱了就嘲笑你，他们都不是真正的朋友。没经过努力不可能成功，迫不及待想攀上成功的山顶，只会让你离它越来越远，因为你没有做出行动向它靠近。不要急于求成，否则你之前的努力也会白费。

在戏剧里，"格兰蒂夫人"的身上集合了当代人们的所有性格，无论善良还是狡猾、诚实还是奸诈，都可以在她身上看到自己的影子。她只是个普通角色，但是她代表了普罗大众。我们被她的表现深深迷住，忐忑又激动地看着她的一言一行，内心惴惴不安地想着："接下来格兰蒂夫人要说什么？"

没有谁来指导，社会中逐渐形成一个规律，大家不约而同地去掉了自己身上的个性和自强，统一地跟随某一个人或者某一种流派，把大脑灌满他们的思想，小心翼翼地在别人的眼色下工作生活。我们已经习惯于生活在过去的世界里，总是借鉴过去的经验，丧失了前进的勇气。我们害怕遇到困难，长期的惰性让我们懒于去思考问题，只一味地拿取前人们的经验和成果。自由已经被我们远远抛弃，我们甘于让自己的思想和灵魂束缚着，机械性地重复拿取的动作。

因此我们事事按着社会的规章制度去执行，自己身处哪个阶层，就依照哪个阶层的法则生活着。好像只要这么做了，别人就会羡慕、尊敬我们。我们害怕自己被他人排斥、看不起，我们谨慎地生活和工作，生怕一不小心就被别人指责这件事做得不对，那件事做得不对。我们已经完全生活在他人的阴影中，因此没有发现，这些指责我们的人甚至比我们还要糊涂、贪婪和愚蠢。他们根本就是在胡言乱语，歪曲我们的思想。

威廉·坦普尔爵士曾经说过："任何人都不应该去追求对自己而言遥不可及的东西，不要试图让自己变成想象中的人，你是什么样，就保持这个样子。"无数的经验教训都说明了这一点。

现今人们有一个非常普遍，也是非常恶劣的习惯——虚荣。这其中尤以本身地位就较高的人居多。他们觉得自己本来就高人一等，绝不能掉价，必须要更努力地提高自己的身份地位。因此他们处心积虑地向外展示自己的能力和富裕的生活，不管自己是否承受得了巨大的压力。

别人的尊敬应该是通过努力做出一定成绩得来的，但是现代人只在生活水平上一较高低。住上好房子，穿上名贵衣服，大家就觉得他肯定是个有钱人，因此对他肃然起敬。这一切不过是外在表现，却被人们当作最主要的条件来评判一个人，有可能一个品德败坏的人却受到大家的尊敬，只因他看起来很有身份。由此可见，道德和品质已经被人们遗忘，甚至有人表现出对它们的唾弃。

这一切的根源都在于人们对身份和钱财的过分重视。各个阶层的人们都在明争暗斗，想方设法让自己挤进身份高贵的行列中。一旦觉得某些人要比自己身份低下，就表现出轻蔑的态度。好比在伯明翰的一个俱乐部里，一群身穿燕尾服的人，就看不起没有穿燕尾服的另一群人。而塞德勒先生则被科培特称为"做亚麻布生意的人"，很明显，科培特看不起他。还有在有钱人家里放牛的奴仆也认为自己比在酒铺打工的奴仆要高贵。不过塞德勒先生被别人看不起的同时也看不起比自己地位低微的人，然后这些人又看不起比他们地位更低微的人。塞德勒先生鄙视做小生意的路边商人，这些路边商人鄙视维修工人，而维修工人鄙视苦力劳工。

人们总能找到比自己地位更低下的人，不管他们处于什么阶层或者地位上。而位于中间地位上的人似乎特别尴尬，因为他们急于想与下层民众划清界限，只想往上爬，但苦于自己能力有限。城市越小，人们的斗争越激烈，各个阶层的人围在一起形成一个圈子，不让外人进出，并且和其他群体的人不相往来，觉得那么做是在降低自己的身份。我们可以看到，在一个较大的教区里存在的团体不下6个，相互间有着非常严格的等级制度。

每个团体在拒绝比自己地位更低微的人加入的同时，还在奋力拼搏以求能缩短与高地位的团体之间的差距，希望高地位团体能够接纳自己。殊不知，高地位的人也像他们拒绝别人一样，拒绝他们的加入，对他们的努力嗤之以鼻。

所有手段的目的都是为了进入人人艳羡的高阶层社会生

活，为了得到内心渴望的尊敬，大家奋不顾身地往上爬。人们想要更多的财富，更多的权力，更高的身份，得到这些会使每个人都笑逐颜开，骄傲自大，但是没人注意到自己的灵魂已经慢慢消失，头脑里只剩下臭气熏天的铜臭味。在追逐名利的过程中，人们不再珍惜身边简单美好的事物，因为天天都接触钱和权，因此他们对整个世界已经产生了厌烦的心理。

不因贫穷而虚荣，却因虚荣而贫穷。我们渴望诚实、渴望真实、渴望坦然，所以我们拒绝虚荣，拒绝这一人性的弱点，绝不做虚荣心的奴隶。

欠债就像在连续做一个噩梦

相较于欠债的原因，更让人们头疼的是随之而来的烦心事，他们永远数不清欠债究竟给自己带来了多少烦恼。欠债会压垮人们的身体，连累一个家庭失去欢乐和幸福。

就算一个身负重债的人有一份固定工作或固定收入，他也不会比别人有多么安心，债务始终是一块巨石压在他的胸口上。他的收入不能用来储蓄或买车买房，也不能给妻儿改善生活，这些钱要全部还给债主，甚至他现在居住的房子也岌岌可危，一不小心就会被银行拿去抵债。

哪怕是家财万贯的富商，碰到高额欠债也不得不担忧自己的境况。这些富裕的家庭在他们的祖先时期就因为奢侈浪费而欠下不少债务，把家族的不动产都抵押进去，因此给后代引来不少麻烦。不过上流阶层似乎早已预见到这种情况，他们制定法律来规定自己的欠债在死后即时失效，后世子孙不用担心会把家族中抵押出去的不动产和欠债一起继承过来，他们可以继续肆无忌惮地挥霍社会财富。不过很少有人能拥有如此高的权势，能够荣幸地摆脱掉祖辈们的债务，大多数人会连债务一起继承过来，有些债务甚至比家产还要多。英国国内的很多土地都处于被抵押的状况，要不就已经成了债主们的家产。

有些人看到一些伟人也有欠债后，胡乱地判断欠债的人必定是身份高、成就非凡的，只有伟人才能欠债，因为他们有着较高的信用度。同样的道理也可以适用于强大的国家。弱小的国家和个人不能有债务，因为他们能力不足，放债的人不相信他们可以很快地还清欠款。欠债的人的名字会经常在民众面前出现，大家猜想着他们是否有能力还钱、什么时候可以还钱，他们的一举一动都展现在众人眼前，人们甚至还会对他们的日常生活表示好奇。而没有欠债的人，那些不被公众关注的人，则悄无声息地生活在引人注目的人们背后。

在人们的意识中，放债的人和欠债的人简直是两种极端的人性表现，人们的怜悯之心不由自主地会偏向欠债人一方。但是人们只看到片面的情况。哥尔德斯密斯在欠下房租和牛奶钱无力偿还被抓走的时候，我们觉得他很可怜，但是不要忘记，因为他的欠债，房东和送奶工拿不到钱，他们的生活也受到了影响。只要看到有人身负债务，我们不由自主地便产生怜悯之心。彭达戈路尔就曾严厉地对巴卢奇说："要是你没有钱财纠纷，谁还能看重你？神明都会朝向我这里。不要以为和钱有关的事就全是高尚的事情，只有身负债务才能算是伟人。"

但是不管欠债被多少人歌颂称赞，它给人们带来的后果一直是痛苦的。为了早日还清债务，让自己不再受到债主的催逼，人们会铤而走险选择具有危险性的方法赚钱。欠债的人的亲朋好友不会给他们好脸色看，渐渐地都会远离他。即使是在自己家里他们也战战兢兢，一听到敲门声就浑身抖个不停，认为是债主上门催讨欠款。不过谢里丹对付债主自有他的一套妙计，他在债主上门后让他们去自家的马圈，在那里接待他们吃喝。欠债的人在任何一个地方都坐立不安，感到难堪。他的脾气也随之变得古怪、阴郁，若是别人表现出开心的样子，他还会莫名其妙朝别人发火。以前他认为只要有了钱就能拥有一切，于是不断追求金钱，到头来却欠了一屁股债。他的自尊心和能力都备受打击，别人向他投来的眼神也是鄙夷、不屑的。

欠债后他不敢拒绝别人的要求，就算做不到也会强撑着答应。他已经抬不起头来，自由也掌控在别人手中，就像被抽去了灵魂。他希望得到亲人的原谅，希望债主和律师能多给一点时间让他来还债，但是亲人对他的哀求置之不理，仍然是冷冰冰的态度，债主也许会同意放宽几日期限，但是这未尝不是一个让他越陷越深的圈套，虽然他也知道其中的陷阱，但还有别的可选吗？他要不就是拖延时间，要不就被债主送进监狱，一直在那里生活到老。

其实，只要我们在做事时估算好自己的能力，不做超出能力范围之外的事情，欠债是可以避免的，它带来的一些后果，比如品德败坏、失去自尊也不会出现在我们身上。但是如今的人们在对某件事做出决定时总是抱有太乐观的态度，感觉自己什么都能做到，欠了债就一定能还清。想买漂亮衣服，想住豪华别墅，想吃山珍海味，想看所有的歌剧表演，这些事情确实很让人羡慕，可自己能力做不到的时候，还是离它们远一点比较好。为了参加派对去向商人们借钱，可你没想到这些派对就是商人们举办的，你的行为在别人看来岂不是很可笑？

我们要保证生活的收支平衡，不要盲目冲动地用本该积蓄的钱来买你现在想要、但并不需要的东西。要是能够修改社会制度的话，第一个应该取消的就是借贷制度。不管是放贷还是借贷，我们都要坚决制止。一个人是否欠债预示着他的未来生活能不能幸福。如果他精打细算生活的开支，合理安排储蓄数额，总是用现金购买商品，也不对外借钱的话，他的积蓄足以应付突然出现的紧迫情况，而他的家庭也不用背上沉重负担，存款还能越来越多。

只要他出现了超出生活开支之外的账务，那么他的经济就会节节吃紧，欠这里一点钱，欠那里一点钱，手忙脚乱地还钱的他开始变得烦躁和郁闷。不要以为买东西的时候一分钱都没出，其实那些钱都写在欠单上，而他还浑然不觉，并为此感到扬扬得意。高兴了没一会儿，欠单摆在他面前的时候，他就该唉声叹气了。要知道，甜蜜的背后是苦楚。

照顾到小市民和小商人的利益，国家曾在几年前颁布了一项法律政策，允许成立小型贷款团体来给普通市民进行贷款，但是这条政策成了一些人牟取暴利的手段，他们组成贷款团体给人们放贷，开出的条件十分诱人，可以每周还贷，利息为5%。人们看到后纷纷前来贷款，但不少人只是想买或者享受一些靠自己能力得不到的东西，还有一些人是超前消费，虽然在薪水到手后就能还掉贷款，不过这种做法总有一些冒险，等薪水到手再买不也一样吗？心里还会觉得踏实很多。

不要以为每周5%的利息划算，我们不如算一笔。比如某人贷款10英镑，也就是200先令，还款开始后每一周就要还5%，就是10先令。觉得每周10先令不算高，那就错了。如果不还本金，错过还款约定期，利息就要按借贷总额计算的，每一周利息的数额还会有所增长，最后应该还的钱要远超过本金。所以说阴谋是藏在外表之下的，欠债像在做一个连续的噩梦一样可怕。

俗话说"无债一身轻"，长期生活在欠债环境下的人，身心都会受到煎熬。如果想要少受这种煎熬莫不如合理消费，尽量不要欠债或是把债务降低到可承受范围内。

没有债务，让你更容易成功

俗语说："我们不能让空无一物的袋子站立起来。"同样，身负沉重债务的人，他只能像虾一样弓着身子，甚至连基本的诚信也拥有不了。人们都知道，欠债的人没有几句实话，两者是紧密相连的。欠债的人经常编造谎言希望借钱给他的人能对自己放松一点，为了说出各种理由煞费苦心。其实只要咬咬牙节省一点，也就不需要欠债，只要跨出第一步，你就控制不了自己的行为，第二步第三步接踵而来，慢慢就会积累很多账单。同理，第一次说谎话总是开不了口，可是突破之后会接二连三地说谎。

海顿是一位画家，他在第一次欠债后就变得一发不可收拾。懊悔的他明白了"欠债的人永远享受不到舒适的日子"的道理。他在日记中描写了自己的困境："欠债之后便背上了看不见的负担，现在我身上的负担还没有卸下，也许直到我死了也拿不下来。"他把欠债后的窘迫生活以及自己的精神变化都写进了自传中，生活的改变让他无法专心工作，同时还要面对别人的鄙夷，自己感到非常悲痛和难堪。在去海军服役之前，他给朋友的信中写了不少劝告的话：千万不能为了一时的欢愉让自己背上债务。人们看不起身有债务的人。要是有人找你借钱，而你的情况也允许的话，还是可以把钱借给他，但是不要为了凑钱给别人让自己欠债。记住，不管发生什么事，一定要靠自己的能力解决，不要依靠钱。

人们在青年时期就存在欠债现象是非常不好的情况，约翰逊博士说："不要以为借钱只是在给别人增加困难，最大的危害是直接影响着你。一味地借钱会让你失掉奋发的精神，只想依赖别人过活，还会让你在面对诱惑时变得更加软弱。看看那些意志坚定的人，有谁是满身债务？所以我们应该坚决抵制欠债这种行为。运用自身的努力躲开贫困，让生活变得富裕、快乐。要知道，贫困会把一些美好品德从心灵里挤压出去，还会让人失去自由。节约能带给我们安静、愉悦的生活环境，在保证自己生活美满的同时，还能去帮助别人。如果不改变自己的思想，你永远得不到别人真心实意的帮助。"

自己的事应该自己解决，我们要养成记账的良好习惯，还要学习一些基本的计算方式，它能帮助我们更好地管理收支情况。我们的生活要和自己的能力、积蓄相符，不能超过能力和积蓄的最高值，这就需要我们做出一份详细的规划。约翰·洛克希望人们能够把日常开销和收入都记下来，清楚地知道自己的财政情况，就不会出现超支现象。惠灵顿公爵就有一本专门用来计划钱财的报表，他告诉格莱齐先生："不要让佣人替你付账单，之前我都是这么做，一天早晨我决定改变方法，由我亲自去付账单，这样我就能知道自己的经济情况。我想这对大家都有好处。"

惠灵顿公爵接着说："为什么我会改变主意？就在那天，我接到了自己在那两年间的所有欠单，原来我的佣人把原本该为我付账单的钱都拿去做投资，我才知道自己欠了这么多债。"说到这儿，惠灵顿公爵又感叹道，"我知道没钱是什么感觉，可我从不和别人借钱，我知道一旦借了钱便没有自由可言。"和惠灵顿公爵有同样想法的华盛顿经常对家庭开支进行查验，他对待钱财十分小心，即使当上了总统也未曾改变。

圣·维什特伯爵当过舰队司令，他在回忆往事时特别说明了自己不管在多困难的情况下也不会借钱。"年轻时我家很穷，大家的生活都是靠爸爸来维持，但是我在进入社会工作时爸爸第一次主动给了我20英镑。之后我因为参军时生活拮据，我写了封信请求爸爸的资助，钱寄来了，但是爸爸的信中透出一股责怪的意思。我觉得非常难堪，发誓以后不管多困难都不再借钱。这个誓言我一直没有打破。被爸爸责骂之后我开始反省自己的生活，依靠努力赚钱。我把部队发给我们的补贴都存了起来，衣服、床单都是自己洗自己缝，我还学会了缝制裤子，用一块亚麻布床单做的。积蓄多了之后我如数还清了父亲的钱，这让我觉得自尊心又回到我的身上。我已经养成了勤俭节约的习惯，时刻提醒自己用钱不能超出预算。"圣·维什特伯爵经过6年的节俭生活后俨然变成了一个严谨、正直的人，他在工作上的努力也没有白费，依靠出色的成绩他最终成了司令。

不难看出，年轻时候债务沉重会让一个人丧失自由，反之，没有债务能让人轻装前行，事业更容易成功。

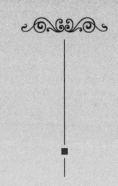

做个渴望成功的人

　　成功从来没有捷径，即使成功学家也需要付出努力和汗水。不能成功的人，却都有一个相同点，就是他们从来都不去渴望做一个成功的人。

想要成功，就找成功人士做同伴

同伴会在成长的每个阶段对一个人施加影响，这一点，在年轻人身上尤其明显。乔治·郝伯特被自己的母亲这样教导过："好的食物会对我们的身体有益，与此相同，伙伴品行的好坏也影响着我们的心灵对善恶的选择。"

要想不受周围人的影响而独善其身，这是不可能做到的。人天生就会模仿身边的东西，对于周围伙伴的言行举止总会留有一些印象。伯克说道："榜样不可能没有影响力，它的力量比巨浪还大。人类最好的老师就是榜样。"罗金汉姆公爵收到过这样一条写有伯克座右铭的便条："要以榜样为心中的规范和言行的指导，这样的要求要一直坚持下去。"

榜样会让人们在自然而然的状态下受到影响，就如同人们那自然为之的模仿行为一样。这种影响会是持久的，它不会因时间的流逝而失效。当一个容易接受影响的人遇到一个具有很强影响力的人，前者的品格将会受到很大的影响。不论影响力的强弱，人都多少会对他周围的人产生影响。我们在与人接触过程中的感情流露或是言谈举止都会受到对方的影响。

爱默生认为一些长时间生活在一起的人，会拥有越来越多相似的地方。也就是说，只要他们在一起生活的时间足够久，我们会越难发现他们的不同之处。这点在老人身上得以体现的观点，可以让年轻人的将来拥有更多的选择权。年轻人更容易被外界影响，他们会自然地模仿周围的人，对于别人的影响，他们更容易接受。

查尔斯·贝尔勋爵这样在信中写道："人们虽然对教育的问题做过很多探讨，可是他们却不明白榜样才起着最关键的作用。我哥哥作为我的榜样给了我最大的影响。我家庭成员都以独立为荣耀，所以现在我变得独立也是受到了他们的影响。"

人的品格形成会在儿童时期受到周围环境的极大影响。榜样的行为会随着时间的流逝而融入我们个人的生活，并会变得不容分割。只要它变为习惯，便会难以改变，我们已经在潜移默化中被它改良。

有一天，一个小孩在玩一个很低劣的游戏，被柏拉图看到了。柏拉图按捺不住脾气，走上前批评了那孩子。那孩子生气地说道："你不该为了这点小事就批评我。"柏拉图回应道："你要明白，大事就是由许多小事组成的。"常言道，习惯成自然。一个不良的习惯就如一个缠着你不放的魔鬼，它会把你拖入深渊。要是我们不能从这习惯的诅咒里脱身，就会沦为它的奴隶。

洛克为此说过，自身道德要想被规范好，就要让自己拥有一种打破习惯束缚的精神力量。

我们不要担心因为他人的影响而失去自己的本性。每个人都会按照自己的主观意志生活。

一个人会在意志的影响下对自己的伙伴做出挑选。所以一个人要是失去了自己的独立判断，沦为他人的影子，那他就是个被嗜好控制的意志薄弱的人。

有一个众所周知的格言说道："一个人的为人可以在他朋友身上看出端倪。"每个人都会选择与自己品行相近的人做朋友。节制的人不会与酒鬼为友，高尚者的朋友绝不会是个荒淫无度的家伙。庸俗的人不仅会降低你的品位，还可能会让你的品格走向邪恶。"

塞涅卡说过："邪恶的人会给你心灵带来很坏的影响，与他攀谈是错误的，就算你转身离开，他的话语也已经影响了你，他会导致你将来的悲剧。"

接触优秀的人，你会变得精力充沛

　　一个好的环境可以让年轻人受到正确的教育，他们由此可以通过意志选择高尚的人作为榜样，并作为以后生活中激励自己前行的力量。我们可以在好人身上吸取他们的才华，从而让自己也变得耀眼。可是反之来说，坏人就只能把我们带入灾难的深渊。我们身边有招人爱戴的人，当然也有那些让人避之不及的人。

　　这个问题在拉伯雷的《巨人传》里也有论述。道德崇高的人会在交往中净化你的心灵。"你从狼身上只会学到吼叫。"西班牙民间谚语这样说道。

　　西蒙本尼夫人这样说过："我到现在也在为那段流离失所的时光对我的影响而难过。那些有罪而又不思悔改的人是我们最可怕的敌人。一个孤独的人，他既不会接受他人的帮助，也不会与人为善。我们能通过扩大社交圈子来获取丰富的与人沟通的经验。你会在交流中获得他人的理解，最后在他人身上看到优秀的地方。交往中，我们的品格会得到提高，我们会在清楚了解自己后走向更加理性的人生之路。"

榜样对青少年的作用，阿诺德博士有着清楚的认识。他的研究成果让学生的品格得到了提高。他先让学生中的骨干受到他崇高精神的影响，让这些人成为其他学生的榜样，由此让所有学生的品格都得以提高。阿诺德让所有学生明白，他们与自己一样，都是学校的一分子，都肩负着学习的责任。

学生们的力量与自信在这种方法下得到了释放。他们感觉到，自己被赋予了信任。就像其他学校一样，庸俗的人在拉格比市立学校也存在。对那些坏孩子，阿诺德校长非常关注，他不愿这些人教坏了好学生。他这样提醒副校长："看见那两个最近才在一起的学生了吗？你要留意他们在一起干些什么，他们肯定有些不同的改变。"

阿诺德博士身体力行教导着他身边的人。所有优秀的教师都是这样做的。那些优秀的老师会教会孩子一切美德的基础，那就是让他们明白自尊。阿诺德的传记作家写道："孩子们通过以他为榜样，明白了生活的乐趣与意义，也了解了何谓健康的活力、何谓好的精神，这对他们今后的人生道路有着不可磨灭的影响。孩子们脑海里种下了他精神的种子。孩子们没有因为阿诺德老师的离去而感到生活里缺少了他的精神，因为他们心里有着他的伟大人格为伴。"阿诺德博士让许多人变得品格高尚，这些人也没有辜负他的教诲，把他的崇高精神传播到了世界的各个地方。

同样杰出的人还有杜格尔德·斯蒂沃特。各个时代的学生都受到了他高贵品格的熏陶。科克本爵士说过："我们通向天堂的道路被他的演讲给指明了。听过演讲后，我们终于对自己有了真正的认识。从他那流光溢彩的语言里，从他高尚的品格里，我们看见了一个与众不同的世界，一个被崇高理想包裹的境界。我的品格由此被影响，而且这影响是如此的深远。"

生活的各个方面都有品格影响留下的痕迹。在人们的周围，优秀的品格会产生一种能够激发生活激情的格调。富兰克林的品格影响了他工作的地方，整个工厂都为之改变了行为方式。同理可知，道德恶劣的人也会把他同伴的品格污染。爱默生在那个有着"勇往直前的布朗船长"外号的人那里听到过这样的话："对于新国家来说，一个善良守信的人与一百个虚伪的人比较，前者更加有用。"许多人在榜样这股强大力量直接或间接的影响下，不知不觉间提高了自己的品格，而且也让他们的生活充满活力。

与优秀的人相处也会使自己变得优秀。优秀的人会把高尚的品格向周围散播。古老的东方有一个寓言，是这样说的：有一片充满着芬芳气息的土地，这土地说道："在我身上盛开的玫瑰，把我这一片普通的土地变得不普通了。"卡农·莫斯利说过："人们会疑惑自己为何总在不知不觉中受到善行的作用而自觉地行善。"

伴随善行而存在的还有恶行，它也会用难以抵抗的力量形成恶的循环。这种影响会不断地传播，它会在人群中扩散，最终让每个人都受到它的作用。就像我所知的，人类社会中流传至今的美德是难以找到首位开创者的。拉斯金先生由此说过："邪恶就像勇敢正义一样，都源于人的本性。"

每个人的言行都影响着周围的人，这其中有好的，当然也会有不好的。善良的人不但能够教育他人，还能让人免受邪恶的诱惑。一位虔诚的牧师被胡克博士这样评价道："他是一个能碰触到的辩论家。"胡克博士被这个有神论者的善良美德所折服了，哪怕他自己还是个坚定的无神论者，他仍旧对这个牧师心悦诚服。善良的乔治·郝伯特牧师说道："认真对待生活这是人们最该重视的事情。我的德行是作为牧师布道最有力的工具，只有受人敬仰和爱戴的榜样才能给人以深刻的影响。我会身体力行，要想在这个时代发挥实在的作用，我们不能光动嘴，还要动手去做。"

人们都认为这位善良的牧师对穷人太过和善，责备他失去了自己的尊严。他是用这样意味深长的话回答那些人的："我的善行就如同夜深时分在听音乐。"大主教安德鲁斯收到过乔治·郝伯特一封关于神圣生活的信件，关于这封信，据依沙克·沃尔顿说："大主教一直随身带着，给他的信徒看过后，他又马上收好，在他去世时，这封信还在他胸前珍藏着。"

善行不但有着让人折服的魅力，还有着无法抗拒的感染力。那些被善行感染的人都是人类灵魂的领袖，是人类中的优秀成员。在临近死亡之时，尼克尔森将军想到了他的一位勋爵朋友，这位朋友叫郝伯特·爱德华兹，是个有着与他同样高尚品格的人。将军留下遗言要他身边的人转告勋爵："我要是能一直与你为伴，说不定，我会变得比现在更加的优秀。我并没有因为繁忙的工作而对你的生活知之甚少。我在你府上与你的家人相处非常融洽，你们都是很好的人，是值得我敬爱的人。"

　　我们会因为接触的人优秀而变得精力充沛，就像在清新的自然中让身体得到舒展，由此获取了无限的力量。那些不正之风，在托马斯·摩尔勋爵平易近人的魅力净化下踪影全无。菲利普·希尼去世时，他的朋友布鲁克爵士是这样评价他的："他的智慧与才华净化了他的心灵。他的真诚行为才是影响他人的方法，那些空泛的言语，是不会像现在他所做的这样，把自己与他人变得伟大和优秀的。"

有些人会指引着你前行

那些精力富足，而且精神高尚的人，会在自己创新的道路上指引他人前行。他们代表了生机、自信、个人的独立性，他们的言行会对身边的人产生长远的影响，并因此获得他人的尊敬。这些人中的伟大代表有路德、克伦威尔、华盛顿、皮特与威灵顿。

格拉斯顿先生这样描叙前众议会议员帕默斯顿爵士，他说道："他坚强的意志、负责的态度和不动摇的决心，使他成为我们众人敬仰的榜样。在他的榜样作用下，我们恪尽职守。强大的病魔面对他坚强的意志也会黯然失色。他是个能看清善恶的人。他的行为是坦荡的。他不会隐藏自己的坏情绪，他会真诚地表露出来。他个人魅力的体现就是他那高贵的本性——诚实。我们每个人心里都有逝去的帕默斯顿先生高贵品格的影子。我们对他最好的纪念就是发扬他那忠于职守的品格。"

俗语说："英雄都会惺惺相惜。"事实就是如此，看看那些出众的领导人周围，那些围绕着他的人都有着与他相近的品格。约翰·穆尔勋爵也是因此在人群中发现了皮纳尔三兄弟。在勋爵的传记里写道："双方都很敬佩对方。勋爵优雅的举止、公正的态度和勇敢的品格征服了三兄弟，他们把公爵当成了自己效仿的榜样。在三兄弟身上，勋爵也发现了他们的各项优点。他的敏锐判断也在这点上得到了体现。"

那些积极奋进的举动往往会感染到周围的人。勇敢的人的存在会让胆怯者做出行动。纳皮尔说过这样一个故事："西班牙军队在维拉战斗中被打散了。在战场上，双方打得不可开交的时候，一个名叫哈维洛克的年轻军官勇敢地带领着西班牙士兵冲了出去。他骑马冲过了敌人前线的障碍物，与敌人在战壕里展开了厮杀。西班牙战士因为他的英勇举动而士气大振，他们呼喊着口号奋勇向前，最终在激烈的战斗后，他们获得了胜利。"

在纽维尔的战斗里，我们也能看到类似的例子。一个瘦小的小伙子，他叫爱德华，虽然他只是个新兵，可是他在战场上的英勇表现让那些老兵也奉为楷模。在最困难的时刻，他强大的品格激励着战士们，让这些弱小的人自愿地听从他的指挥。

这些现象在生活中也能看见。善良的品格会被人所追捧。自然而然地，人们也会以伟人为学习的榜样。每个人都会在善良的品格里获益，它会鼓舞和振奋每个人的心灵。下属会因处在权力核心的人品格高尚而欢欣鼓舞，这也将会使权力的力量得到加强。切沙姆入主内阁时，他的个性魅力传播到了政府的各个部门，每个人都受到了他的影响，下属们也都为这位英雄的出现而变得信心满满。

在人们看来，华盛顿成为军队的最高指挥官会让美国军队变得更加具有战斗力。1798年，这时的华盛顿年岁已经很高了，他回到了他的弗农山庄，从此不再插手政治。这时的美国受到了法国的威胁，两国随时有可能交战。当时身为美国总统的亚当斯给华盛顿写了封信，信中说道："我希望我们军队可以接受你威名的指导，你的名声比无数军队更加有用。现在，哪怕我的要求显得不合理，我还是真诚地希望你的高贵品格能够帮助我。"我们从中可以知道，在国民的心中，这位伟大总统的高尚品格和非凡能力是他人无法比肩的。

有关伊比利亚半岛的历史里，有着一个关于战争的事迹。有一个优秀的指挥官，他有着崇高的品德，那些追随他的人，都在他榜样的作用下得到了熏陶。有一次，苏尔特的部队加紧赶往索罗林地区，准备袭击驻扎在那里的英军。由于总指挥威灵顿公爵不在，所以英国部队里的士兵心里都没底，他们也都为此感到紧张。这时正在帐外的葡萄牙士兵坎贝尔看到一个人骑着马冲了过来，他兴奋地欢呼了起来，来人就是威灵顿公爵。接下来，军队里的人都鼓掌欢迎公爵的出现。这战前的掌声已经成了英国军队习以为常的事了，可是他们的敌人，却为此压力重重。威灵顿公爵来到一个醒目的位置上，他是有意这么做的，为了向敌我两方展示自己的到来。间谍在提醒苏尔特查明情况，这时威林顿看着对面那人说道："对面的指挥官，没错，你是个优秀的指挥家，可是你却不够果断。你太过谨慎，为了查明欢呼声而错过了进攻的时机。我们增援部队就要来了，我带领的第六纵队马上就到，你将要品尝到失败的苦果。"结果就像威灵顿公爵说的那样，英军胜利了。

人的品格会在特别的场合具有难以用常理解释的魔法，那些具有如此品格的人，他们会是超越自然力量的来源。庞培，这位伟大的将领说："我只要回到了我的祖国，当我踏上意大利国土的时候，我的军队也会马上出现在我的面前。"在历史学家的笔下，欧洲人会在彼得的号召下勇敢地向亚洲人发起挑战。卡利佛的手杖与别人的宝剑相比，前者更加让人畏惧。

有些人的名字有着特殊的力量，它们就像冲锋的号角一样让人奋进。道格拉斯在奥特本战场上受了重伤，在死前，他命令士兵呼喊他的名字，要他们拼尽全力地呼喊。他的名字成了鼓舞士兵战斗的口号，最终借助这股精神力量，他的士兵取得了战斗的胜利。苏格兰人在后来的诗句里写道："道格拉斯死后，他的名字，那让人奋进的英明代替他获得了战争的胜利。"

有些人的影响并没有随着他们的逝去而消散，这些人的品格还活着，在每个受到影响的人心中活着。诗人麦克雷这样说过："恺撒那具遭人暗杀后留下的尸体是毫无价值的，可是他那活力无限的灵魂却是能够威慑众人的。人们并不觉得灵魂随着他的肉体一同逝去了，他们仍旧觉得他那纯洁、可敬的灵魂还存在。就算他不完美，也有着些许缺点，可是他依然具有人性的光辉。"还有一些被谋杀的品格高尚者也对后世影响深远，比如被"耶稣会"间谍暗杀的威廉，那个奥奇派的威廉，他死于德尔夫特。荷兰政府在当天就下了查明真相的决心。他们在后来也履行了自己的诺言，不惜代价地查明了真相。

品格的力量在这些事例里得到了证明。伟人就是人类力量的写照，他们就是人类历史里永恒的勋章。在人类历史上有着伟人留下的不朽痕迹，他们肉体虽然已经湮灭了，可是他们的思想会是永恒不灭的，人们会把他们牢记在心。后世会以他那不朽的精神为榜样，用它规范自己的思想和意志，这种精神将会一直传承下去，对后人的品格形成起着难以预计的作用。人类的进步之路是在伟人的崇高品格的指引下形成的。那明亮的精神光芒让后辈们从黑暗的迷茫中走出，让心灵变得更加纯净。

那些真正伟大的人会把自己民族的利益看得最为重要，这也是人们敬仰和拥护他们的原因。不光是同时代的人，就连后人也会受他们精神的影响。他们身上的品格是种巨大的力量，这也是整个人类社会珍贵的财产。同样成为人类宝贵遗产的，还有他们的伟大的成就和深刻的思想。他们是后人的领路人。人类因为他们而更加遵守原则，也变得更加具有尊严感。人们的心灵被这些高尚的天性所洗礼，变得更加纯净了。

那些不可改变的行为都是对品格教育的思索以及实践。一个伟人的思想不会短期的存在，它会在人的心中长时间驻扎，在我们的生活中、在日常的琐事里都会体现出这些思想。时间无法束缚这品格的力量，这无形的力量影响着人们的心灵，哪怕这些人隔着漫长的时间长河。我们因此可以与那些逝去的先贤交流，用心灵与摩西、大卫、所罗门、柏拉图、苏格拉底、色诺芬、赛列卡、西塞罗和爱比克泰德对话。在当时，他们的思想可能难以理解，可是后世会把他们的思想发扬光大，从而影响后人的品格。

西奥多·帕克这样说过："无数个南卡罗来纳州都无法与一个苏格拉底相抗衡。对于一个国家来说，他的价值是无法比拟的。"如果说努力能够决定一个人的下限，那么品格决定的将是这个人的上限。

伟人具有不可思议的影响力

对于青少年来说，那些善良人的一个普通行为都能影响到他们。他们品格里的优秀元素，比如亲切、果敢、仁慈都是吸引人的芬芳之气，人们会不自觉地对他们表达爱慕敬仰之情。布里昂与华盛顿的会面改变了他的一生。他在后来是这样谈及那次会面的："我在华盛顿离开这个世界时仍旧毫无名气。我那时从他身旁走过，我还是个没有名头的人，他当然也不认识我了。可那时，他却是万众瞩目的名人了。我在他眼前只不过是个无名小辈。可是，我却为这次会面而倍感荣幸，我的一生都被那一刻他鼓励的目光所激励。伟人的目光也是具有不可思议的力量的。"

波瑟斯是这样评价死去的布莱尔的，他说："在当代，他无愧于最伟大的人这个称号。在他面前，道德匮乏的人会卑怯不堪。那些被予以信任的人会以他为楷模。年轻人会是他支持的对象。"在其他的场合，波瑟斯也说过这样的话："对于一个摔跤者来说，周围有一个值得信任的摔跤者是一件好事。那个人生前受人敬畏，死后他的遗像也会让邪恶望而却步。"

在骗人前，一个犹太教徒会用丝巾盖住他所喜爱的圣徒的画像。黑兹丽对此说过："一个人是不会在纯洁无瑕的美女画像前做出低俗的表现的。"指着墙上宗教改革者画像的一个贫穷德国妇人说道："这张诚实正直的脸是会教人向善的。"

我们也可以与那些墙上高尚者的画像为友。这会使我们感受到别样的个人情趣，一种更加密切的情趣。我们会在审视他们样子的同时加深对他们的了解。我们通过他们与那些高尚和优秀的人走到了一起。我们会在向这个榜样学习的同时完善自己，就算无法做得如他们一样好，也在一定程度上受到了良好的熏陶。

在谈到伯克的言谈举止时，福克斯自豪地说道："他对我的影响太深远了。要是能量化比较，把我至今为止在书本上学到的所有学识和生活经验中的知识加在一起，也远远不够去衡量我从伯克的言谈举止里学到的东西。"

对于自己与法拉第之间的友谊，廷德尔教授认为是"力量的楷模，同时也是鼓舞的榜样"。在一同度过了一个傍晚后，廷德尔如此回忆道："看他工作就明白，他的行为无愧于人们对他表示的尊重。我的心灵通过与他的接触得到了温暖和升华。他的这种力量让我敬仰。可是，最让我获益匪浅的是他身上的谦逊、和蔼、乐观这些美德。"

对于威廉·纳皮尔勋爵的名作《伊比利亚半岛战争史》的问世，全世界都对他表示感谢。兰德尔爵士，他的一个朋友，也就是这位朋友建议他完成了那本著作。事情是这样的，一天，他们俩结伴而行，在走过一片原野时（位于现在的贝尔格莱维亚区），兰德尔爵士向他提出了这个建议，要他写一本关于伊比利亚半岛的书。威廉勋爵这样说道："就是兰德尔勋爵把我的思想激发出了灵感。"他的传记作家写道："他的才智会让所有与他会面的思想家印象深刻。"

人的品格会在他人的影响下形成。要想看到事实的证据，我们了解下马歇尔·霍尔博士的一生就能明白了。霍尔博士帮助和影响了许多人走向成功，变成杰出的人。他加速了很多研究的实行。他是如此教导年轻人的："如何走向成功？朝着一个目标不停地走下去。"他会把一些新的想法告诉那些年轻的朋友："只要你努力地去做，不松懈下来，你会得到回报的，你的辛劳会收获到果实的。"

人们往往在他人品格的影响下，让自己的品格力量得以发挥潜力。双方的人格会互相作用。人类会受到这种力量的影响。周围的人会被一个热情饱满和充满活力的人所引领。这种力量会让人自觉地去模仿，它是一股强大得让人无法抗拒的力量。这股力量由每一根神经传导，在最后，它会迸发出灿烂的光辉。

阿诺博士传记的作者这样写道："那些让人产生共鸣的活力才是真正震撼他们心灵的东西。生活中的一种精神就是这股活力的源头。它是一股健康而长存的活力。它来自于人们对神的敬畏和自己厚重的责任感。"

伟大的精神是力量的源泉。力量靠它传播到各地，从而影响到众人。但丁引发了众多伟人的出现。受他影响的有彼得拉克、薄伽丘、达索等人。米尔顿也在他的影响下学会了忍让，变得更加冷静，不再纠结于恶毒言语的侮辱。拜伦在许多年后来到了但丁住过的拉瓦那片松林，在此地，他的灵感被但丁的精神所激发，写下了昂扬的诗句。也是在但丁的影响下，阿里斯多和帝辛互相扶持，铸就了光辉的业绩。

人们会很自然地对引导他们前行的伟大和善良之辈给予敬意和崇拜，这会让他们的精神变得更加高尚。社会因为伟人们被千古传颂的高尚思想和事迹而变得道德良好。圣·波弗说："以卑鄙人为榜样，那人也就不可能有高尚的行为了。一个乐于诌媚上司的人，肯定是一个热衷地位的人。一个对诚实、勇敢和刚强崇敬的人，他终会成为他所羡慕的那类人。"

青少年时期，人会充满崇拜他人的激情，这也将会是他们形成品格的重要时期。这种偶像的作用会随着年龄的增长而逐渐消退，变成一些具体的言行表达。在容易接受他人影响的可塑阶段，让他们以伟人为榜样是大有裨益的。要是不把这些给他们正面熏陶的英雄作为榜样，说不定，他们会以一个恶人为自己行为的示范。

崇拜他人的优秀事迹是阿尔伯特王子具有的一个很好的品格。别人这样看待他的品格："他会为一句名言或是一件好事而欢欣不已，而且还会牢记于心。不管说这些话的人身份如何，他得到的快乐都是一样的。他不管在哪种情况下都会选择去做好事。"

约翰逊博士说："那些宽厚、诚实并善于发现他人优点而以此为榜样的人也会得到他人的认可。"约翰逊传记的作者博斯维尔，他对约翰逊怀有真诚的崇敬之情。他所写的传记也因此具有了其他传记所不及的闪亮之处。这本书也会让人们觉得，能发现约翰逊优秀品格的博斯维尔一定也具有同样优秀的品格。约翰逊当然也会有让博斯维尔不满的地方，为此他可能还驳斥过约翰逊，可这并不妨碍他真诚地以约翰逊为榜样。

在麦考雷眼中，博斯维尔只是个让人讨厌的小人物，他只是个爱慕虚荣、容易冲动、性格乖张的人。可是在卡莱尔看来，这位传记作家并不是这样一无是处。他认为："就算博斯维尔身上有着许多缺点，可是我们不要因此遗忘了他的优点。他是个追求高尚品格的人。他有着关怀他人的爱心。对于传统的习俗，他也是报以尊重的。他能写出《约翰逊传》也说明了他具有以上品格。这的确是本好书。在这本书里，我们能看到他敏锐的观察力和优秀的才华。不仅如此，他还展现出了自己的爱心和孩童般的纯真，他也是凭借着这点用心灵与眼睛不停地寻找智慧的果实。"

那些喜爱读书的人与胸怀广阔的年轻人相比，他们更喜欢以英雄为自己的偶像。阿伦·坎林汉姆徒步去爱丁堡时，还不过是个学徒，处在跟石匠学手艺的年纪，他的跋涉只是为了看一个人——瓦特·斯科特勋爵。他的热情举动博得了他人的敬佩。对于会在故乡见到雷诺兹的事，画家海顿在许多年后仍旧觉得非常自豪。想去见约翰逊博士，这是诗人罗杰斯童年最大的梦想。他至今仍旧挂怀此事。他依旧为没能敲开博士家的大门而懊悔。当时他走到了门边，可是却没有抬手的勇气。少年时期的伊萨克·迪斯雷利也去了博士家的大门前，他勇敢地敲开了门，可是开门的仆人却告诉他一个意外的消息，就在几小时前，这位辞典编写者与世长辞了。

那些过于计较的人在生活中是不会真心地崇拜他人的。他们也因此不会去崇敬伟大的人物和事业。在卑鄙者眼里，那些与他们相近的事物才能引起他们的兴趣。一个惯于奉承的人也就只会去追求怎样谄媚他人了。做一个流于世俗的平庸之辈也就是一个势利小人的理想了。在奴隶贩子眼里，一个人的优劣只看他的肌肉是否发达。在几内亚商人眼里，哥佛雷·尼尔勋爵在教皇面前说的两位伟大人物是没有可取之处的。他是这样说的：“我只知道你们相貌不行，伟大的地方我却看不到。你们在我眼里最多也就值十个基尼，远不如我贩卖的奴隶有价值。”

罗谢佛·古尔德说过这样一句名言：“我们能在朋友的灾难中学到经验，只有那些善妒的小人才会落井下石，他们除了自以为是的快感，得不到任何有用的学识。那些具有不良心态的人意识不到自己的缺陷是件悲惨的事。”人们看不起那些嘲笑他人的小人。这些小人总是会因别人的成功而苦恼，对待身边人的成功他们会更加觉得不快。面对那些做得比自己好的人，他们是不能容忍的，只有别人的挫折会让这些人觉得舒心。要是自己不能成功，就要诅咒他人会失败。

对于竞争对手，刻薄的批评者说道：“我不能对这个上帝都爱护有加的人表达我的不满吗？”那些心胸狭小的人都是这样挑剔和鄙视他人。他们最突出的人格缺陷就是这种对所有事情都抱以不屑的举动。

乔治·郝伯特说：“聪明人要是不犯错误，愚蠢的人会难受得坐立不安的。”愚蠢的人是不会在聪明人身上学到有益的经验的。一位德国作家这样说过：“对待伟人或伟大的时代过于吹毛求疵的人是可悲的人。”让我们向博林·布鲁克那样怀着宽厚之心对这些予以评价吧。布鲁克这样评判一个被人怀疑存有缺点的人，他说："他是一个伟人，他的缺点也难以让我对他进行指责。"

那些伟人的经历，就是我们的教科书，以此教育我们如何做人。人们会在书里得到力量和信心。只要意识到伟人存在的人，就算是平庸之辈，也可以在伟人榜样的作用下获得自信和勇气。那些伟大的同胞们会永远地为我们指明前进的道路。

中国人这样说："伟大的先贤会被后人奉为永存的榜样。在向榜样学习的时候，聪明将取代愚蠢，勇气将代替怯弱。"后人会在杰出前人的引领下朝着正确的方向前进。"我们会在后人心里长存，我们是不灭的存在。"

那些伟人留下的名言会成为后世的榜样。它们会延续不断地流传下去，在后人的思想灵魂里生根发芽，让他们的心灵变得更加高尚，生活的道路更加平坦。

亨利·马丁说过："一生没留下值得回忆的东西就是这辈子最难过和最悲惨的事情了。那些真正伟大的人，他们用那有意义的生活经历给后人留下了珍贵的遗产，他们也因此成了后人效仿的榜样。"

　　不需要语言的作用，榜样直接就能教育人，它也是最具感染力的教育手段。语言往往不如榜样的实践教育那样有效。我们人生的旅途有着榜样这盏明灯会好走不少。它会在不知不觉间影响我们的习惯。它会一直与我们为伴，并不断发掘我们的潜力。没有好的榜样为参照，好的建议也会缺少一些力量。那些只用话语教人，而妄图让人忘却他行为的人最终是徒劳无功的。人们最终将从他的行动里学习，而忽视掉他那些没有根基的乏力教诲。

家庭教育伴随一个人的一生

百闻不如一见。在年轻人身上这点尤为突出。人们靠着眼睛获取知识。孩子们乐于模仿他们所见的一切事物。就如同拟态的动物一样，它们会模仿周围的人以适应这个生活环境。所以于孩子而言，家庭教育对他们的作用最大。一个人的人格会在家中耳濡目染形成，这作用远比学校老师的教育更具效果。每个国家的个性都是由一个个家庭组成的，每个人都在家庭中养成自己的习惯，家庭影响着公众和私人生活的每个方面。人们的观点大多都是在家庭中形成的，那些善行，最仁慈的举动也是家庭影响的结果。所有的同情都源自家庭，也是由家庭向外界传播。慈善活动就是这样，它会永远存在于家庭之中。

家庭教育的影响是伴随人的一生的，就算我们进入社会也不能从中脱离。这种影响会随着人的逐渐成熟而减弱。人的人格会在学习和交往中，以榜样为参照，慢慢形成。

那些温柔的品格，也是有着影响力的，而且作用不小。多萝西就极大地影响了她哥哥华兹华斯。而且，这种影响是永恒的存在。他总认为自己的幸福是妹妹给予的。他的妹妹小他两岁，有着温柔的性格，他的心灵受到了这种温柔的影响，从而走向了诗人的旅途。"我因她而变得耳聪目明。是她在细心照料我。我的心因她而牵肠挂肚，里面满是爱。"这个事例证明，一个人的人格形成也会受温柔的性情影响。

对于自己品格的形成，威廉·纳皮尔勋爵认为这是他母亲的功劳。在他还是孩子的时候，他母亲在家里的行为举止他都看在眼里，这在他心中留下了永恒的印迹。他的品格还受了他上司约翰·摩尔勋爵的影响，摩尔勋爵使纳皮尔变得自立，成为一个真正的人。摩尔勋爵在了解纳皮尔品质后说道："少校，你是个优秀的人。"在给母亲的信里，纳皮尔是这样提到摩尔勋爵的："他被追随者簇拥着，我在其他地方是难以见到这样优秀的领导的。"他心中都是对勋爵的崇敬之情。

一个很小的行为也会对另一个人产生影响，还会渗透到那人的生活之中，对那人的品格形成产生好的作用，抑或是坏的影响。父母在日常生活里的行为举止成了儿女的榜样，他们用行动教会了孩子慈爱、坚持原则、勤劳和自制。这些东西远比语言有力，它们会深深印在儿女们的脑海里。

聪明人会说，自己的孩子是未来的自己。那些父母无意间的行动也会在孩子们的性格上留下不可磨灭的痕迹。父母的邪恶思想是不会传承给子女的，能影响孩子的只有他们的行为，孩子们会因为他们不检点的行为在性格中留下缺憾。一件事情哪怕看上去很小，可是对于一个人产生的影响会是很巨大的。

韦斯特说："我之所以成了一个画家，那是由于我母亲的一个吻。"这件小事决定了他的人生道路。一个人的幸福与成功可能都是一件小事所引导的。在人生的关键时刻，佛威尔·布克斯顿在给母亲的信中写道："你小时候对我的影响我时刻感觉得到，看到别人的努力时，这种感觉尤其强烈。"对于那个没多少学识的猎场管理员亚伯拉罕·普拉斯托，布克斯顿也抱有感激的情感。他与那个管理员相处弥久，两人会在猎场一起打猎，那人是个没有学问的人，可是却是个有着美好情操的智者。

布克斯顿说："诚实与尊贵的美德是他拥有的特别价值。

在我母亲面前，他做的都是让我母亲感到满意的事情。他是个忠诚的人。在我们这些年轻人眼里，他是一个纯洁和洒脱的人，就如同塞内加和西塞罗作品里的人物一样。他是我的第一位老师，也可以说是我最好的一位老师。"

对于母亲的榜样作用，贵族朗德尔总是记忆犹新。他回忆道："要是把我母亲拿出来与没有她的整个世界比较，我的母亲，在我看来会显得较为伟大。"在年老的时候，西梅尔·帕灵克总会回想自己是受到母亲的影响走完了大半人生。进入母亲的房间时，她会加大声音说话，在这里她能变得无拘无束，也让自己变得更加纯洁。"我在母亲面前会变成另一个人，一个与生活中的我不同的人。"她这样说道。

一个人的生活氛围决定了他拥有的道德。孩子将来的发展深受父母的影响。要想教育好儿女，父母唯一的办法就是提高自身的品格。

目标确定，就全身心去投入

以前奴隶就像商品，可以买卖。经过多年的斗争，奴隶贸易终于被禁止了。可是英国仍然没有废除奴隶制度，这仍然需要长期的努力。在很多英勇的人士的领导下，终于战胜了邪恶的一方，废除了奴隶制度。有位杰出的领导人，名字叫作佛威尔·布克斯顿。他当时在下议院工作。布克斯顿小的时候脾气暴躁、任性，并且很笨。在他还不记事的时候，他的父亲就去世了。他的母亲很伟大，不但无微不至地照顾他，而且帮他改掉了坏脾气。在他母亲的教导下，他越来越懂事，并且很有主见。他的母亲认为，孩子小时任性并不是一件坏事，只要家长正确引导孩子，这种任性可以转化为勇敢、坚强的品质。邻居们有时也会给他的母亲提些建议，说孩子太任性了不好，应该好好管教管教。他的母亲总是微微一笑，因为在她心中，孩子身上这点小毛病根本不算什么。她相信通过自己的引导，她的儿子总有一天会成为一个优秀的人。

布克斯顿已经到了上学的年龄。可是他在学校里什么都不学，他很贪玩，总是让同学帮他写作业。在别人眼里他就是一个笨蛋。15岁那年，他被学校开除了。那时他已经是个大男孩了，长得又高又壮，看上去呆头呆脑的。他根本不喜欢学习，他只对骑马、划船或者野外运动感兴趣。猎场管理员很聪明，虽然他不识字，可是他很细心，他很有耐心地观察周边的人和自然界。布克斯顿整天和他待在一起。接触的时间长了，猎场管理员发现布克斯顿是一个很好的苗子，只是他缺乏知识。只要对他进行很好的引导和训练，他将来肯定有所作为。15岁的少年，性格正处于可塑时期。

盖尼一家在当地很有名，他们都有学识，并且很善良，经常资助那些贫困的人。布克斯顿也得到了他们的帮助。这对于年少的布克斯顿来说是一件非常幸运的事情。盖尼一家让他重拾信心，鼓励他学习文化知识，后来布克斯顿以优异的成绩考入了都柏林大学，并且顺利地拿到了学位。布克斯顿说："我的这些成就和盖尼一家是分不开的，要是没有他们的鼓励和帮助，我不可能走到今天。我一定会把我的荣誉和成绩带给他们看，让他们也为我自豪。"

毕业后布克斯顿来到伦敦，他的舅舅是一家酿酒厂的老板，他被安排在厂里工作。后来他娶了盖尼家的女儿。他的任性不但没有阻碍他的发展，反而因此结交了很多朋友。他天天精神抖擞，工作起来根本不知道累。他的个子很高，同事们给他起了个绰号——大象布克斯顿。不管他做什么事情都会全身心地投入，他的这种精神很可贵。他曾经这样说自己："我是一个永远累不垮的人，我做事的时候非常专注。就算是让我先酿一个小时的酒，再做一小时的算术题，最后再玩一个小时的射击，我也不会头晕眼花。"

布克斯顿不但拥有充沛的精力，并且具有坚强的毅力。不管是小事还是大事，他的这种精神都能体现出来。后来他成了酿酒厂的股东，他更加忙碌了。厂里的各种事情他都管，即使再小的事情他也会亲自出马，厂里的效益越来越好。但是他并不满足于眼前的成功，晚上下班回来他还要继续学习。他把布兰科斯多、蒙特斯奇对英国法律的经典评论认真地读了一遍。他对自己要求很高，一是看书绝对不能半途而废；二是书不能读完一遍就可以了，而是要掌握书中的知识；三是在读书的时候一定要认真地思考。

布克斯顿在他32岁的时候就进入了议会，并且担任了一个重要的职位。这个职位只能由最有智慧、最忠诚、最善良的人才能胜任，他被选中了。从此以后他就是一位尊贵的绅士。他对废除英国殖民地奴隶制度非常感兴趣，他把所有的精力和时间都投入了这项事业中。在普里斯拉·古内的影响下，他一直坚持这项事业。

古内出生在一个显赫的家庭，她的祖辈都是伯爵。她很善良也很聪明，她是一位优秀的女士，因为在她身上我们可以发现很多高贵的品质。在她即将咽气的时候，曾把布克斯顿叫到跟前，嘱咐他一定要为废除奴隶制度作出贡献。她生前一直为这份事业努力，可是直到她去世奴隶制度也没有废除，她只能把自己的愿望托付给布克斯顿。普里斯拉·古内临终前对他说的话，他永远都不会忘记。为了纪念她，布克斯顿把自己的一个女儿取名为普里斯拉。1834年8月1日，黑人农奴解放了，就在那天他的女儿出嫁了。布克斯顿给朋友写了一封信，信上这样写着："我们成功了，我的女儿普里斯拉出嫁了。古内的愿望实现了，她会安息的。从此以后，英国殖民地再也不存在奴隶了。"

　　布克斯顿是一位智慧的领导者，凭借着他的正直、认真、坚定，他获得了成功。他并不是一位天才，是他的付出换取了今天的成就。他的高贵品质影响着每一个人。他曾经这样说："伟人和平凡的小市民没有什么不同，强者和弱者也没有什么不同。关键是伟人和强者有坚强的意志力，有充沛的精力，他们一旦确定目标，就会全身心地投入。如果那些平民和弱者具备这种品质，他们同样可以取得成功。但是如果他们不具备这种品质，即使再有天赋和条件恐怕也不可能成为一个伟大的领袖。"

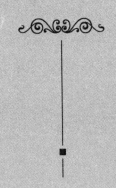

虽然我不是天才，但是我懂得勤奋

    曾几何时，我们发现小聪明变得越来越没用，那些懒惰而又不喜欢劳动的人，根本得不到真正的幸福；那些能取得非凡成就的人都是懂得勤奋的人。

只有劳动的人才能享受生活

人最好的启蒙老师是劳动。在劳动的过程中，人们能获取知识，认识新鲜事物，并创造新的东西。人们在劳动中还学会了遵守纪律，学会了自我控制，而在这样的一个过程中，就形成了一个基本的社会道德规范。只有通过不断的劳动和努力，人们才能掌握最基本的日常生活所需要的本领，或者说掌握一门生存的技能。不劳动的人很难有持之以恒的毅力。

劳动造就了人，人类就是通过劳动不断进化而成的，而劳动也是人类特有的一种本能。人们在劳动过程中通过不断地创造，推动了人类社会不断地向前发展。要生存就得劳动，这是一个真理，或者说只有劳动的人才能享受生活，也才能理解真正的人生。劳动让人觉得快乐，劳动创造了美好生活。

有些人认为劳动太辛苦，认为自己去做体力劳动太低贱，但他们不知道体力劳动者是光荣的，没有人做体力工作就不会有这个社会的井然有序。劳动体现了人类的伟大和高明，有了劳动才有了人类生活的一切。人类文明来源于劳动，如果人类都不劳动的话，那么就等于说这个世界很快就会毁灭。

劳动是幸福的源泉，而懒惰、不喜欢劳动是一切坏事的根源。有时候，人们会变得懒惰，变懒的人就像生了锈的铁一样，慢慢地被腐蚀掉。懒惰不可小视，它甚至可以毁掉一个民族。

亚历山大率军打败了波斯国，他在波斯看到这个民族的人是如何生活的。他发现波斯人不参加劳动，生活很腐化，所有的人都在想如何享乐。亚历山大不禁感慨地说："懒惰和贪图享受是最大的危害，难道还有什么东西比这两个危害更大吗？"辛勤劳动才是人类最高尚的行为，而懒惰甚至能使一个民族灭亡。

古罗马皇帝塞维鲁征战一生，曾亲率部队攻占了美索不达米亚和不列颠。在他快死的时候，听到有人报告说，驻守在格兰地区的陆军部队不守军纪。他心里很不安，决定通过处理这件小事，来向该军团施加压力，警告他们时刻牢记军纪的重要性。塞维鲁最后给士兵们的命令是——绝不能放弃劳动，只有辛勤劳动才能让罗马大军生机蓬勃。

人类社会刚刚产生的时候，最普通的农业生产活动也有某种特殊的社会意义。从事不同的农业生产活动代表着人的不同身份，古代的意大利就是如此。古罗马著名的历史学家普林尼在他的著作中有过这样的记述：各种农活代表着不同的社会地位，所以一个人做什么样的农活，不是随便决定的。对于凯旋的将军，还有那些随同将军出征的士兵来说，如果被安排去种地，那他们会觉得那是很大的赏赐。

将军们在农夫们的指导下参加田间劳作，当他们看到犁头耕出了一垄一垄的田地时，也会感到非常高兴。不过后来奴隶被统治者们肆意地使用和虐待，于是人们就渐渐地认为：劳动，尤其是繁重的体力劳动，是下等人干的活，甚至觉得这是很丢人的行为。当罗马统治阶级开始变得懒惰与奢靡后，他们离灭亡的日子也越来越近了。

聪明人会被懒惰打倒

懒惰是人类极难抵制的一种坏习惯。

有一个外国人，游历了世界各地，知道了世界上几乎所有国家和地区的民族生活方式。有人问他各民族间最大的共同性，或者最大的特点是什么。

这位外国朋友用蹩脚的英语说道："人类最大的特点就是懒惰而不喜欢劳动。"

懒惰者好逸恶劳，不思进取。

从古至今，懒惰和懈怠也受到了许多人的批评。因为个人也好，整个民族也好，懒惰都会让其走上毁灭的道路，懒惰让人们失去了奋斗的勇气。所以天生懒惰的人，是绝不可能在社会上成功的，只有那些辛勤劳动的人才会成功。被懒惰控制的人就只会感叹上帝对自己不公，而实际上是自己不努力。他们整天只知道闲逛，什么事也不做，对社会一点用也没有。

伯顿是英国的圣公会牧师，同时它是一名学者和作家，他写了《忧郁的剖析》一书。书中伯顿有许多独到而又精辟的观点，内容虽然有些深奥，但却十分有趣。约翰逊说只有这本书能让他每天提前两个小时起来，然后读这本书。这本书里有这样的话：懒惰不仅对身体健康不好，还会让人精神不振，最终一事无成。

伯顿说："懒惰是万恶之源，它会助长邪恶的滋生。在基督教七宗罪中，懒惰就是其中之一，它是恶棍们为恶的根源。

"人们会唾弃一条懒惰的狗，那么一个懒惰的人，就别指望别人去正眼看他了。懒惰是极为严重的坏习惯，再聪明的人如果有懒惰的恶习都是非常不幸的，他们最终会被懒惰打倒，成为制造恶行的人。懒惰控制着他们的思想，在他们的心中劳动和勤劳是没有一席之地的。此时他们的心灵就像是垃圾场，那些邪恶的、肮脏的想法，会像各种寄生虫和细菌一样疯狂地生长，让他们的心灵和思想变得邪恶。"

接着他说："因此，我们可以作这样的总结：不管是男人还是女人，如果让懒惰控制了内心，那么他们的欲望将永远不能得到满足。他们不会有一个忠诚的朋友，他们不会有真正的幸福，更不会有快乐的人生。当他们的某一个愿望满足的时候，因为他们的懒惰，他们就会有更高的欲望。他们总是感到烦闷，总是感到不能满足，总是仇视社会上一切美好的事物。他们活在镜花水月般的虚幻和悲伤之中，永远看不到光明，有时候甚至有赶快离开这个世界的悲观想法。"

《忧郁的剖析》这本书的最后一句话，也是这本书最精华之处的集中体现。伯顿在该书的最后说道："绝不能让自己的懒惰，以及由此而生出的消极思想占据我们的大脑，这一点我们必须牢牢记着，而且不管什么时候都要严格地遵循这一点。只有这样，才能拥有真正的幸福和快乐。如果没有遵循这一点，你就会一蹶不振，走上邪恶的道路。切记：懒惰无论何时都是不可取的。"

有些人四处转悠，整天无事可做，也不想做事，因为他们懒惰。不过，这并不代表这种人没有动脑筋，有时候他们的脑子转得飞快，他们在想什么？他们在想，如何得到别人的劳动成果，如何才能不劳而获，如何才能得到不属于自己的财物。肥沃的稻田里，如果稻苗长得不茂盛，那么里面一定是有许多杂草，被杂草充满的田地里，怎么能长出好的稻苗呢？那些想不劳而获的人，脑子里就长满了许多"邪门歪道的想法"。在光天化日之下，懒惰这个恶魔是不敢出现的，但是在那些已经被懒惰占据了大脑的人心中，懒惰有了用武之地："我们是恶魔，是正义之神派来的，专门折磨你们这些懒惰而又碌碌无为的人。"

那些精神麻木、不肯劳动的人没有真正的幸福，只有付出了自己的努力才能得到幸福。劳动的人也会感到身体的劳累，劳动也会让人感到不适，但它绝对不会像懒惰一样，使人的精神也堕落下去。

一位长者认为劳动是治疗人类疾病最好的良药。

马歇尔·霍尔博士说："什么都不干，整天四处晃悠是让人感到最无聊的事。"

美因茨的一位大主教认为："人的身体就好比是一个磨盘。磨盘很多人都知道，如果把麦子放进磨盘里，那么磨盘转动后，就会把麦子磨成面粉。但如果我们不放麦子进去，磨盘一样会转，但却什么都磨不出。"

不想工作的人，他们缺少责任心，会用各种借口：

"前面路上有野兽。"

"这山真高啊！不好上去啊！"

"别试了，我试过好多次了，没有一次是成功的。"

对于上述类似的种种借口，塞缪尔·罗米利先生曾在给一位年轻人的信中这样批驳："我要非常严肃地说，这只是因为你的懒惰，并不是你做不到，不要找那些诸如'自己太忙'这样的理由，那只是一种借口。谁都可以干好自己能干的事情。'自己太忙'成为一些懒惰之人常用的借口，没有做好的话，他们会说这件事他们没有能力做。诸如这样的借口还有——写不出文章，有人会说：'并不是我不愿意写，是因为我没有写文章的能力。'你不想做某个工作或任务，你就说自己做不到，你的借口就是自己无法胜任这项任务。"

以上就是某些人的做事方法和习惯，但其实这就是懒惰，如果大家都是这么想的话，那么这个世界就不会发展，只能原地踏步。

辛勤付出，才能收获甘甜

大家都知道牛顿是一位伟大的发明家，他的勤奋与聪明换来了丰厚的果实。有些人很想知道他是怎么做到这些的。他总是很谦虚地回答："正因为我对它们很好奇，所以我会认真思考。"不过有一次他也这样说："并不是用脑子简单地想一想就可以的。我思考问题的时候，就会完全沉浸在那个问题中，几乎忘了睡觉。"通过这个例子我们能够很明显地看出，只有我们坚持不懈地努力才会走向成功。对于发明家们来说，研究他们感兴趣的课题是一件很享受的事情。

本特利教授也是一位伟大的哲学家，在他的自传里他这样说："我一心想为广大人民群众做点事情，所以我要不断努力思考。"哲学家开普勒也这样评价过自己的研究成果："我相信只有不断地思考才能深入了解我所研究的课题，并且在思考的过程中我会用尽我全部的精力。"不了解他们的人会认为，这些伟人们是天才，他们的智慧是无人能及的。可是他们的成就不是仅仅凭着自己的聪慧不劳而获的，他们不但具有坚强的毅力而且非常勤奋。

伏尔泰曾经这样说过："普通人和天才没有差别。"贝卡里亚也说过类似的话，他说："即使再普通的人，也可以成为著名的诗人或者演说家。"法国印象派著名画家、雕刻家雷诺阿也说过："不管一个人多么普通，都可以成为著名的画家或者雕刻家。"这些话有一定的道理，可是有多少普通人能够做到呢？他们仍然碌碌无为地度过自己的一生。洛克、赫尔维蒂斯和迪德洛特有相同的观点，他们都认为根本不存在天才，所有的人都一样聪明，都可以成为一个伟大的人。卡诺瓦去世后，有人问他哥哥，要不要继续做卡诺瓦没有完成的事业。这个例子说明，每个人都是一样的，不可能说这件事一个人能做，而另外一个人不能做。有些人研究过人们的智能，如果人们有理想，并且有强烈实现这个理想的愿望，那么在同样的条件下，伟人能够做到的事情他们同样能够做到。我们都知道即使再聪明的人也要通过努力才能走向成功。比如说牛顿、莎士比亚、贝多芬和迈克尔·安吉洛，他们不但拥有过人的智慧，而且非常勤奋，所以他们才取得了今天的成就。

道尔顿是一位聪明的化学家，曾经有人称他为天才。对于这种称呼他非常反感，并且批判过这种称呼。因为他认为自己的成就是通过不懈的努力换来的。约翰·亨特曾经评价过自己，他说："只有人们辛勤地付出了，才能得到甘甜的果实。我的脑子跟蜂窝煤一样，很有规律。"

从以上的例子我们就能够看出，那些著名的发明家、艺术家和思想家，他们认为自己之所以能够成功，最主要的原因就是他们的勤奋和坚持。他们通过自己的努力创造出了伟大的成就。迪斯雷利认为把课题分析清楚了才可能研究成功，不过只有通过勤奋地思考才能够分析透彻课题。

世界上那些伟大的人们并不一定都是天才，他们只不过是普通人，正因为他们的勤奋才获得了今天的成就。他们中的大多数人在自己的工作岗位上孜孜不倦，他们并不具有超凡的智慧和令人羡慕的天赋。有位寡妇带着她的儿子一起生活，她的儿子从小聪明调皮，总是不用功读书。她也感叹自己的儿子虽然具有天赋，可是不勤奋，成不了气候。一个反应迟钝的人，虽然没有惊人的天赋，不过只要他肯努力，总有一天他可以超越具备天赋而不努力的人。曾经有句这样的话："走路慢的人，往往能走得更远。"

一定要不断地学习，只有这样水平和能力才会得到提高，工作起来也会更有效率。有很多事情，当你第一次看到它的时候可能觉得很难，可是一旦你做了，并且完成了，你就会觉得这件事情其实非常容易。

大家都知道熟能生巧，所以我们在做事情的时候，要不厌其烦地重复去做，一旦熟练掌握后，这件事情对于你来说同样非常简单。世界上很多事情我们都可以去完成，关键是你是否努力去做了。

罗伯特·皮尔在很小的时候就养成了一个很好的习惯，每天都早起，并且不管做什么事情他总喜欢重复去做。他的这种习惯为他成为一名上议院的议员奠定了基础。实际上每个人都可以养成这样的习惯，可是又有多少人去这样做了呢？他小时候住在德雷顿马纳，每天吃饭的时候，他的父亲就会让他随意讲一些东西。皮尔一般都会讲他在周末去教堂听到的说教。刚开始的时候，他并不熟练，讲的时候总是断断续续。经过天天这样练习，他对于说教的内容越来越熟悉，后来竟然能够把整篇说教全部复述下来。后来议会反对派提出了一些质疑，要求每个人都要回答，在所有人的回答中，他表现得最好。

一件很普通的事情，只要坚持去做，照样可以影响一个人的一生。一个人要想成为一位优秀的小提琴音乐家，必须通过长时间不厌其烦的练习。

有一个人问吉雅迪尼，要想拉好小提琴需要练多长时间，他回答了这位询问者："必须要长期坚持。每天练习12个小时，要练习20年。"可以看出没有辛勤的付出是不会有收获的。

一个女配角要想赢得大家的赞美和尊重，必须通过一个小角色来锻炼自己，并且要一直演，坚持好多年才行。塔格里每天都受到父亲两个小时的训练，训练完毕后他总是浑身酸痛，连走路的力气都没有了，可是他必须要洗漱，然后脱下衣服睡觉，这是他多年养成的习惯。通过这种严酷的训练，他终于取得了伟大的成就。晚上他就会把自己练习多年的本领展示给大家，演出完毕后，大家总会热烈欢呼，掌声此起彼伏。如果没有他之前的艰辛肯定没有后来的成就。

优秀的艺术和勤奋是分不开的

英国国王的御用画师约书亚·雷诺认为优秀的艺术和勤奋是分不开的。如果一个人不勤奋，即使他对艺术很有天赋或者很有创造力，也不可能取得成功。他曾经给巴里写过一封信，信上说："如果一个人想在绘画方面有所成就，就必须从早上一睁眼就开始想象所要画的对象，直到晚上睡觉。只有这样，才会在绘画方面有所作为。当然，其他艺术也是同样的道理。"

在艺术方面要想有所作为确实不容易。不管多么枯燥，必须从早到晚一直坚持。我们一直在说勤奋和坚持，只要做到这两点就能成功，实际上这话并不准确。一个人想追求艺术，想在艺术方面有所成就，还得具备天赋。这里的天赋可以后天培养，从小开始艺术熏陶，时间长了，艺术天赋就会更加完善。

要想成为一位伟大的艺术家，要能够忍受住贫穷，并且不管遇到什么困难都能克服。关于这方面的例子也有很多：克劳德·洛林曾经做过糕点师，丁托列托曾经做过染工，卡拉瓦乔曾经以磨颜料为生，而另一位卡拉瓦乔则在梵蒂冈做过泥瓦匠，焦托只不过是一个农村的穷孩子，而辛加罗甚至是一个没有工作的流浪汉，更有甚者，卡夫多曾经和父亲一起行乞多年。这样的名人数不胜数，艰苦的条件没有将他们击败，他们最终凭借着自己的努力获得了成功，成为令人羡慕的艺术家。

英国的艺术家们也一样，他们从小过着清贫的生活。他们的父亲都是一般的工人。比如说马克里斯的父亲在科克的一家银行里做学徒，工资少得可怜。杰克逊和巴里的父亲都是水手，根兹伯罗和培根的父亲靠给别人剪裁衣服养活全家，欧佩、罗姆尼和伊尼格·琼斯的父亲外出给别人做木匠活，约书亚·雷诺、威尔逊和威尔基的父亲都是小公司里的文员。劳伦斯的父亲开了一个小酒吧，特纳的父亲则是在一家理发店里当理发师，诺思克特的父亲是摆了个小摊，专给别人修理钟表。韦斯特的父亲在费拉德尔菲尔一家农场做管理员。

除此之外，有几位画家的家境让人觉得很不错，因为他们的父亲也是搞艺术的。实际上了解一下就会知道，他们的父亲只是做一些跟艺术相关的工作，地位并不高。比如说伯德的父亲是一个盘子雕花工，马丁、莱特和吉尔培的父亲都是油漆工人，查特雷的父亲是一个镀金工，弗拉克斯曼的父亲为了养家糊口卖石膏模型，大卫·科克斯、斯坦福德和罗伯特的父亲偶尔会画一些风景画拿出去卖。

这些人在追求艺术的时候都非常勤奋，他们的成就并不是偶然的结果。为了追求艺术他们过着贫穷的生活，甚至一辈子都穷困潦倒。只有少数几个后来挣了一些钱。如果艺术家们搞艺术只是为了挣钱，那么他们就会不再坚持努力，当然也不可能达到艺术的最高境界。

对于真正的艺术家，金钱是身外之物，是靠运气获得的。最主要的是体会艺术带给他们的快乐。并且艺术家们都很有个性，他们不会因为别人的目光而改变自己的决定。从斯帕格诺兰托身上，我们能够看到这一点。他的运气很好，成了一名很有钱的人。可是他怕金钱影响了他的艺术，决定舍弃这些财富，专心追求自己的艺术。后来他果真又过起了清贫的生活。

迈克尔·安格洛也是一位著名的画家，曾经有人问他，如何看待用艺术换取金钱的做法，他坚决地回答："如果一个人为了金钱而画画，那么他的艺术已经走到了尽头，也许会更糟糕。"

一个人要想成功，必须付出勤奋的努力。对于这一点迈克尔·安格洛和约书亚·雷诺的看法是一致的。迈克尔·安格洛说："只要一个人不怕吃苦，肯努力，他就可以把想象出来的东西刻在大理石上。"他在生活中养成了工作的好习惯，所以只要工作起来，他根本不知道累，并且越干越有劲。他的工作量非常大，每天要比平常人多工作好几个小时。他工作起来几乎废寝忘食。几块面包和一瓶葡萄酒就是他一天的食物。他经常半夜起来雕刻，把蜡烛粘在他的帽檐上照明。特别困的时候他根本不脱衣服，直接躺下睡。睡一会儿醒了继续工作。曾经有一位学识渊博的老人告诉他，只有学习才能进步，他把这几个字刻在沙漏上来提醒自己。

提香是一位伟大的作家，他跟迈克尔·安格洛一样，也是一个工作狂。他花费了8年的心血终于创作出了《皮特罗·马太》。《最后的晚餐》一书也是他辛辛苦苦编著了7年才完成的，完成后他给查尔斯五世写了一封信，信中也说了他为了写这本书所付出的努力。作家们创作出一个作品确实很不容易，他们需要反复练习才能取得今天的成就，可是又有几个人在读书的时候能想到作家们的艰辛呢？有很多人会认为作家这个职业很清闲，动动笔头就能赚取很多钱。曾经有一位威尼斯贵族请雕刻家按照他的上半身雕刻一个塑像，10天后雕刻家就完成了。在准备付钱时，威尼斯贵族说："你只不过是工作了10天而已，就想收我50个金币，你太黑了吧？"

雕刻家不紧不慢地说："你只是看到了眼前的工作。知道我为什么10天就能完成这个上半身的雕像吗？因为我学了30年的雕刻技术。"

多米尼其诺也被顾客责备过。他与买画的人说好了取画的时间。可是那天顾客过来了，他还剩一点没有画完，顾客就开始抱怨了。他并没有生气，而是平和地说："从您预订到现在，我一直在画。"奥古斯都·卡克特先生也是一位著名的画家，他工作努力刻苦。他画了40张草图才完成了他的著作《罗彻斯特》。

从这个例子我们不难看出，艺术家们要想创作出惊人的作品，务必要反复练习。人生也是一样，只有反复练习才可能走向成功。

勤奋是天赋的催化剂

艺术之路艰难且漫长，所以追求艺术的人一定要做好吃苦的准备，具有艺术天赋的人也一样，因为这跟天赋无关。有些孩子从小就表露出了艺术的天赋，如果不能正确引导，或者不勤奋练习，长大后仍然不会取得成就。

韦斯特就是一个很好的例子。在他7岁那年的一天，他的姐姐有事，就让他先帮忙照看一下孩子。孩子乖乖地睡在摇篮中，韦斯特认真地欣赏着这个熟睡的孩子，突然他跑进屋拿出纸和笔，给熟睡的婴儿画了一张相。从这张画来看，韦斯特具有极高的绘画天赋。从此之后，他见到什么就画什么，并且画得特别像。他成了远近闻名的小画家。可是后来他就不行了，慢慢地人们也把他淡忘了。虽然他具有极高的绘画天赋，可是他没有经历过挫折，也没有努力练习或者虚心学习过，导致他的艺术之路不会长久。如果他没有那么早出名的话，长大后他可能成为一位伟大的画家。

理查德·威尔逊和韦斯特一样，从小就显现出了绘画的天赋。他小时候很喜欢拿着烧过的棍子在墙上画，有时候画动物的头像，有时候画人的头像。因为他最喜欢画肖像了。

威尔逊为了拜访苏卡拉里，专门来到意大利。可是苏卡拉里正好出去了，他就在那里等。等了好长时间苏卡拉里仍然没有回来，他有些不耐烦了。为了打发时间，他就在朋友的房间里描绘风景。他注意力太集中了，完全不知道苏卡拉里的到来。苏卡拉里看了一会儿后，问道："威尔逊，学过风景画吗？"

"没有学过。"

"我认为你最好去学一下，你很有天赋，肯定会成功的。"

威尔逊听取了苏卡拉里的建议，回去后他就开始学习风景画。经过长年累月的练习，后来他成为英国一位最有声望的风景画家。

约书亚·雷诺先生同样从小痴迷画画。他的父亲希望他长大后当一名医生，所以每次看到他画画，他父亲就会训斥他。不过约书亚·雷诺具有坚强的意志，只要他决定的事情谁都改变不了。后来他成了一名画家。

根兹伯罗也不简单，他经常到小树林里画画，只要他看过的东西，他就能完整地画下来。在他12岁那年，他就已经成为一名大家羡慕的画家。类似的例子还有很多，比如说威廉姆·布莱克，他的父亲是做生意的，主要是卖袜子。他经常来店里玩，他总是趁大家不注意把会计的背影画在收账台上。

还有爱德华·伯德，他在三四岁的时候爬到凳子上，把他心目中的法国和英国的士兵画在墙上。他的父亲希望他长大后当一名会计，可是看到爱德华·伯德如此热爱画画，他的父亲就不再强迫他，并送给他一支水彩笔。为了培养他，他的父亲把他送到茶盘制造商那里当学徒。他很刻苦，精心雕刻茶盘上的花式。后来他考上了皇家学院，他的父亲很欣慰。

贺加斯小时候特别喜欢画画，不过他很讨厌学习，成绩一直都很差，同学们总是嘲笑他。但是他画的画在同学之间是最棒的。他的父亲认识一位银匠，后来就把他送到那里当学徒。他在那里很刻苦，不但学会了绘画，还学会了雕刻，并且雕刻技术精湛，能够在勺子和刀叉上雕刻螺纹和号码。后来他又自学了在铜器上雕刻怪兽。对于这时候的他来说，画出人物的肖像并不是一件难事。

正是由于贺加斯的努力和细心，才获得了惊人的成就。后天的努力是他走向成功的秘诀。他很善于观察，如果碰到哪个人长得很有特点或者表情十分独特，他就会深深地刻在脑子里，回来后把它们画出来。有时候他也会碰到非常奇特的东西，为了能够更加精确地把它画出来，他就会立刻描绘在大拇指的指甲上，回家后再仔细地把它画出来。

贺加斯对那些古怪的东西越来越感兴趣。为了寻求这些东西，他去过很多偏远的地方。每到一处他就会细心观察，见的东西多了，他的积累也就更加丰富了。回来后不管他画什么，都很有灵感，作品也层出不穷。贺加斯不仅观察力强，记忆力也很好，所以他能把见到的东西清晰地画出来，并且非常像。

贺加斯认为大自然才是最好的老师。实际上他没上过几年学，文化水平并不高。不过他的修养比那些文人还要高。在他上学的时候，几乎没有学到什么东西，字也写得非常难看。他后来的成就完全是他自学得来的。他的性格很乐观。前几年，他的生活非常清贫，但是他从来没有忧伤过。即使再穷，他也会把生活安排得很有条理。他战胜了所有困难，过上了富裕的生活。但是他时常回忆起当年贫困的生活，他很感谢这段生活，正是这段困苦的生活，才铸就了他今天的成功。他曾经这样描述以前的生活："那时实在是太穷了，我身无分文在大街上游荡。如果我有了十几块钱，我就会自信地跑回家，拿着佩剑，潇洒地出发，不知道的人还以为我有几千块钱呢。"

勤奋与坚持能帮你成就梦想

　　班克斯是一位著名的雕刻家。他的勤奋决定了他的成就。他也会常常教育身边的人，不管做什么事情一定要勤奋。他非常善良，经常帮助一些贫困的人。有一些具有上进心的年轻人会到他家找他，希望能够得到他的指点。

　　有位小男孩很喜欢画画，他很想得到班克斯的指点，于是就拿着这些画去找班克斯。班克斯家里的仆人听到门外有人大声喊叫，就出去狠狠地批评了小男孩，并且准备驱赶他。这时班克斯听到了门外的争执，就出来看个究竟。他看到小男孩手里拿着一些画，可怜巴巴地站在那里。班克斯亲切地说："孩子，你需要我帮忙吗？"

　　"先生，我很想去皇家学院学习画画，您能让他们批准我吗？"

"这事我自己说了不算，不过，可以先让我看看你的画。"

班克斯接过小男孩的画，仔细地看了一遍。他对小男孩说："孩子，你的画确实不简单。你现在回去好好练习，争取画出一幅更好的阿波罗，一个月后再来找我，好吗？请相信我孩子，过不了多久你就可以进入皇家学院学习。"

小男孩听了班克斯的话，回家后更加勤奋练习，一个月后，他带着一幅更好的画来找班克斯。班克斯对他有些冷漠，看了他的画后，让他回去继续努力练习。小男孩并没有失去信心，过了一周，他又来找班克斯了。班克斯发现小男孩进步飞快，对他说："你将来肯定能成为著名的画家，不过还得继续努力。"小男孩听了班克斯鼓励的话，非常高兴。后来小男孩如愿以偿地进入了皇家学院。他就是著名的画家蒙拉迪。

克劳德·洛林和班克斯一样，通过勤奋的努力获得了今天骄人的成绩。克劳德·洛林出生在洛林的香巴尼，他家里很穷，父母都是农民。刚开始他在一家糕点房当学徒，后来他就不想干了。他的哥哥是做木雕生意的，自己开了个店铺。他就在哥哥那里学习木雕。他很有天分，比别人雕刻的东西逼真多了。后来有位旅游的商人来到店里买木雕，发现了他精湛的手艺。商人建议克劳德去意大利发展，他的哥哥也同意了。

罗马有位著名的风景画家叫阿格斯迪诺·塔西。克劳德过来后当了他的仆人。这是他生平第一次接触到风景画，他开始慢慢学习，也画了很多风景画。他不安于一直待在这里。他去了很多地方，比如说法国、德国等等。钱不多的时候，他就会停下来画上几幅风景画。当他再次回到罗马的时候才发现，有很多人喜欢他的画。过了不久，他在整个欧洲都很有名。

由于他的勤奋和坚持，他才把风景画画得那么好。后来，他花费了很多时间学习画树、叶子、建筑、地面等景物。在学习的时候他很细心，也很刻苦。为了供以后创作参考，他把画好的画都收藏了起来。有好长时间他都痴迷于天空。他天天仰着头观察太阳光线的变化和云彩的流动。他不但勤奋，而且很执着，再加上他刻苦的练习，风景画家的称号非他莫属。

特纳也很勤奋，所以后来取得了惊人的成就。他的父亲是个理发师，所以很希望特纳长大后也当一名理发师。可是特纳特别喜欢画画。有一次在父亲的理发店，他画了一个盾形纹章的图案。他的父亲正在给一位顾客刮胡子，这位顾客无意间看到了这个草图，非常吃惊。顾客当时就决定，收特纳为徒，特纳的父亲后来同意了。从此以后特纳就跟着这位顾客学习画画。

在学习的过程中，特纳非常刻苦。可是他的家庭并不富裕，因此他错过了很多机会。不管遇到多么大的困难，他从来不退缩。在他最困难的时候，他一天要干好几份工作，只要挣到钱，他就会继续学画。为了度日，他也为其他的画家打过下手。

特纳确实很贫困。无奈之下他给那些便宜的书籍画封面，比如说指导书、日历等。他很乐观，说他现在的工作是对他最好的培训。不管做什么事情，他都会认真对待，并且非常细心。他从来不会因为人家给的钱少而不认真工作。即使工作再辛苦，他也不会放弃学习和画画。他对自己要求非常严格，第二幅画一定要比第一幅画画得好。这也是他的原则，所以他画得越来越好。他相信有一天他肯定会成功的。罗斯金曾经这样评价特纳："他是一位很有实力的画家，他的未来不可估量，只要他肯努力，他的水平就会不断提高。"特纳为自己开了一个美术馆，里边摆放着他的珍贵的作品。他把这个美术馆献给了国家，这样一来，那些爱好者们就可以过来参观。特纳也将会永远被人们铭记在心中。

当然，不论是作画，还是做其他的事情，一个人如果不勤奋不坚持，他的梦想将很难实现。

艺术追求者的勤奋之旅

　　大家应该都知道，当时的罗马是艺术的圣地，著名的艺术家们大都居住在那里，那些爱好艺术的年轻人期盼来到这片土地上。学习艺术的年轻人生活都很窘迫，而去罗马的路费又很贵，不过只要他们有决心，肯定有一天能够实现夙愿。弗兰科伊斯·毕雷就是当时热爱艺术的年轻人中的一员，他是法国的一名画家，他也期盼来到罗马。为了攒够路费，他做过很多工作，甚至去给盲人做向导。后来他终于来到了梵蒂冈。在那里他刻苦学习，并取得了成就，很多人都知道了他。

　　雅克·卡洛特的父亲不赞同他学习艺术，不过他对艺术的热爱达到了痴迷的程度。无奈他只好从家里偷偷跑出来，去了意大利。他出门的时候带的钱很少，所以没过多久他就身无分文了。为了挣钱，他就跟着一个乐队演奏。这个乐队是由吉普赛人组成的，他们在各大城市巡回演出，雅克·卡洛特也跟着他们四处漂泊。在途中，他们遇到过很多艰难险阻。卡洛特收获不小。他们碰到过很多长相很有特征的人或者很有个性的事物，卡洛特都记忆犹新，这对他以后的创作影响很大。他雕刻的人物非常生动，并且很有特点。

后来卡洛特在佛罗伦萨遇到了一位贵人，他非常欣赏卡洛特的艺术，就通过关系把卡洛特介绍到了一位艺术家那里学习。佛罗伦萨离罗马已经不远了，卡洛特待在这里心神不定，后来他决定离开去罗马。

经过一段时间的流浪，他终于来到了梦寐以求的罗马。在那里有两位先生特别欣赏他的粉笔素描，认为他在艺术方面肯定会有更突出的成就。这两位先生就是普里奇和托马斯。一次偶然的机会，卡洛特碰到一位朋友，受到朋友的邀请，他住进了朋友家。卡洛特已经流浪惯了，根本不适应一直待在安逸的环境中，他又溜走了。过了不久，他的哥哥来到都灵找到了他，并把他带回了家。他对艺术非常执着，他的父亲拗不过他，只好同意他学习艺术。他又来到了罗马，找到住的地方后，他开始静下心来专心学画。后来他找到一位著名的艺术家，并拜他为师。卡洛特很勤奋，也很细心。几年后他准备回到他的家乡法国，可是在回去的路上他接到了科兹莫二世的邀请，他只好在佛罗伦萨下车了。在那里他继续学习艺术，一晃几年过去了，科兹莫因病去世，他离开这里回到了家乡。他凭借着自己的雕刻技术，没过多长时间就成了当地的名人，并且有很多人闻讯来买他的雕刻品，因此他也挣了不少钱。

后来，卡洛特的家乡南锡发生了战争。宰相黎塞留找到他，要求他画一张南锡战败的图并把该图雕刻出来，卡洛特没有答应他的要求。卡洛特热爱自己的家乡，他不可能这么做。卡洛特被关进了监狱。有些事情真是太巧了，他在监狱里竟然碰到了乐队的那几个吉普赛人。路易十三无意间听到了卡洛特被关的事，就赶快找人把他放了出来，并向卡洛特保证，不管卡洛特遇到什么困难，他都会出手相助。在卡洛特的请求下，他的老朋友吉普赛人都被放了出来。卡洛特还有个请求，就是以后这些吉普赛人可以自由地在巴黎大街上乞讨。路易十三觉得这个请求有些奇怪，不过还是答应了他。不过路易十三也有个要求，就是卡洛特必须把这些吉普赛人都雕刻出来，并且送给他。作为报酬，路易十三付给了卡洛特三千里弗尔

（LIVRE：查理曼大帝时期法国的1磅白银的价值单位），以备他年纪大了用。实际上路易十三的真正用意是想把卡洛特留在巴黎。卡洛特喜欢自由，喜欢流浪的生活，所以他没有接受这笔钱。

卡洛特回到了家乡南锡，继续他的工作。他所用的雕刻板和蚀刻板的数量证明了他的勤奋，他对工作的热忱。在他的一生中，他完成了一千六百多幅作品。他最大的爱好就是雕刻那些非常有特征的东西，那些东西雕刻起来很费劲，但是卡洛特却把它们雕刻得淋漓尽致。

本凡努托·切利尼的一生也充满了传奇色彩，他的头衔太多了，如艺术家、画家、雕刻家、工程师，还有作家。他的父亲吉奥凡尼·切利尼是一名音乐师。他的父亲希望他长大后成为一名出色的笛子演奏者。不过要想朝这个方向培养本凡努托需要花费不少钱。不幸的是他父亲后来失业了，无奈只能把他送到金匠那里当学徒。年少的他显露出了惊人的艺术天赋，学了不久，他在这一行已经小有名气。由于本凡努托和镇民发生了一些冲突，被师傅赶走了。他流浪到了锡纳，在那里做了一名金匠。他刻苦学习，没过多久就熟练掌握了珠宝和金器的制作过程。

本凡努托的父亲仍然希望他把笛子吹好，在父亲的逼迫下，对笛子不感兴趣的他只好乖乖地练习吹笛子。本凡努托最大的兴趣就是金匠技艺，在追求金匠技艺的过程中他能够感受艺术带给他的快乐。本凡努托回到佛罗伦萨，他继续学习金匠技术，不过只要一有空他就会观察达·芬奇和迈克尔·安格洛的作品。就这样坚持了很长时间，他步行来到罗马。刚到那里时，他遇到很多困难。后来他又回到了佛罗伦萨，不过当时他已经是一位很有名望的金匠了。很多人知道了他名副其实的技艺后，都赶过来找他给金银雕刻花纹。他生性倔强、暴躁，惹了不少麻烦，他不得不到外边躲一躲。他把自己打扮成修道士的模样，偷偷地溜了出去。为了避难，他去过锡纳，也去过罗马。

流浪到罗马的时候，本凡努托在那里找到了一份工作，就是给罗马教皇当金匠兼音乐师。他在那里遇到过很多艺术大师，并从他们身上学到了很多东西。比如给宝石上彩、雕刻图章、装配珠宝，他还能熟练地对铜器、银器和金器进行雕刻，那些大师们看到他的雕刻都赞不绝口。他的上进心很强，在金匠方面只要有人比他的技术高，他就会下定决心超过那个人。在上进心的驱动下，他的技艺越来越精湛。

本凡努托非常热爱他的工作，只要工作起来他就会废寝忘食。他对自己非常严格，即使技术无人能比了，他还不断地要求自己提高。他喜欢自由的生活，他曾经骑着马去过曼图亚、那不勒斯。他也经常在罗马和佛罗伦萨之间穿行。他出行的时候除了他的工具箱什么都不带。他设计了很多东西，并且把它们一一雕刻出来。再小的东西他也雕刻得非常精致，比如说女士腰带上的扣子，胸针、耳环，还有图章和装饰用的小盒子等等。可以说他的雕刻技术无人能比，他设计的东西没有人能够设计出来。

如果一个在艺术方面有天赋的人，他不勤奋，最后也会泯然众人。富兰克林曾说过："我未曾见过一个早起、勤奋、谨慎、诚实的人抱怨命运不好；良好的品格，优良的习惯，坚强的意志，是不会被假设所谓的命运击败的。"

对自己的严厉，是成功的必由之路

实际上，不论做什么，只要一个人肯努力，严格要求自己，并且坚持自己的理想，那么这个人肯定能够获得成功。

成功的秘诀：从小事做起

当某人有新发现的时候，有的人认为了不起，有的人认为只是偶然，但细究起来，就会发现其实根本就没有什么偶然因素。这些原本我们认为是偶然的因素，却是由很多个必然而来，因为所有的偶然都是要具备某种条件才会发生的。这些偶然只是那些创造必然的人，把握住的一次机会。

牛顿发现万有引力定律，就是一个被用来说明"偶然性"的最佳例子。但是我们要知道，当时牛顿思考这个问题已经不是一天两天了，而是思考了很多年。为了万有引力的课题，他做了很多复杂而又耐心的调查，这才有"苹果落地"发现万有引力定律的奇闻轶事。苹果落地的情景让他突然理解了这个规律，但他理解的前提，是他在这之前所做的研究。因此，掉下来的苹果其实就是他多年的研究在刹那间的展现。同样的例子还有很多，抽烟的时候，会升起一股一股的烟雾，很多人会看到有五颜六色的肥皂泡穿梭在烟雾里，但都没有意识到什么，都认为这很正常，而杨博士却由此想到了"干扰"理论。从这个理论出发，他还发现了相关的光线衍射原理。

虽然伟大的人总能做一些伟大的事，但是牛顿和杨只是从最常见和最简单的事实中，观察出了世界上伟大的发现。他们的伟大，在于他们很注意生活中的一些很平常的事情。

我们每个人都和别人不同，而这不同主要在于每个人观察力的不同。对于观察力不强的人，俄罗斯有一句谚语是这样描述的："他穿过整个森林都看不见木柴。"

"聪明人的眼睛善于发现新事物，"所罗门说，"而愚蠢的人一直看不到光明。"

一次，一位刚从意大利回来的绅士碰到了约翰逊。约翰逊对他说："先生，那些去欧洲各国游历的人，有时候甚至没有那些从哈姆斯蒂德的舞台上了解的知识多。"

很多事情只用眼睛看是不行的，还得用脑子想。那些不会思考的观察者，其实什么也发现不了；聪明人就不同了，他们总是能把自己观察到的和自己以前的研究相结合起来，然后再通过比较发现事物的本质。

左右摇摆的东西，很多人都看见过，然而在伽利略之前却没人从这一现象中意识到什么，只有伽利略第一个利用这一现象发现了改变世界的东西——钟。

比萨大教堂的一个后勤工作人员，在为一盏吊灯加了油后，松开了手。吊灯就在空中一摇一摆的。当时年仅18岁的伽利略对摇摆的吊灯产生了兴趣，并立刻打算将这一现象应用于计量时间。于是，钟摆发明了，但在此之前，伽利略已经花了整整50年的时间，对这一课题进行了研究。这一发明有着极为重要的意义，人们由此可以测量时间了，它的重要性是可想而知的，而且它的发明还为天文学的计算提供了工具。

有一次，伽利略听说有一个叫里帕塞的荷兰眼镜制造商，他送给拿骚的一位伯爵一种仪器。那种仪器看远方的事物，能够缩短一些距离。伽利略开始思考，为什么会出现这种现象呢？思考的结果是——他发明了望远镜。望远镜的发明，也有着极为重要的意义，它标志着现代天文学研究的开始。如果换作一个粗心的人，或者一个不用心的观察者，不可能有这样的发明。

布朗船长，就是后来的塞缪尔先生，他在专心研究桥梁建造的时候就想，能否建一个使人们轻松地穿越特威德河的东西呢？在一个有露水的秋天早晨，他在院子里散步时看见一个小蜘蛛。那小东西正横跨在他散步的路上。这时，一个想法突然出现在他的脑海里——用铁链，或与铁链相似的工具连在一起建造在河面上，这就是吊桥的发明过程。

詹姆斯·瓦特也遇到过类似的事。当时他正在研究，如何在克莱德外表粗糙的河床上，做一个能够用管道运输水的装置。那天他吃饭的时候看到了龙虾的外壳，以此为模型他想到了可以用铁管道运水。果然，用铁管道运水的方案大获成功。

伊萨姆伯德·布鲁内尔注意到了虫子用自己坚实的脑壳在木头上打孔。它首先在一个方向打，然后从再从另一个方向打，一直到拱道形成的时候才停下来。当拱道形成之后，它还在顶部抹类似漆的东西。由此，他想到建造泰晤士运河的方法，并通过对虫子的模仿，来建造他的遮挡板。就是这个方法，帮助他完成了一个伟大的工程。

细心的观察者，有一双敏锐的眼睛，因此他能够发现表面事物中隐藏的本质现象。

　　船边漂浮着海藻，这是现实生活中最正常且很小的一件事，哥伦布就是利用这件事平息了船员之间的内讧。他对那些绝望的水兵们说，别再吵了，我们快到新大陆了，你们看看这样的海藻以前从来没有出现过。

　　任何小事情，都值得细心观察，并和我们本身在思考的东西联系起来。因为很多小事，总是能够在某一方面展现出它的价值来。谁能够想象著名的"阿尔比恩英格兰石灰岩"是由昆虫建成的？那些昆虫很小，用肉眼都看不到。更令人惊奇的是，珊瑚岛形成的规律和它们的建造规则竟然是一样的！因此，我们不能够再怀疑微小事物的力量，因为这些细微的小事总是能引领我们走向最大的成功。

　　成功的另一种秘诀就是对小事物进行密切的观察。用这个秘诀成功的不在少数，无论是在商业、艺术、科学，还是其他方面，都有这样的例子。人类的知识，就是一代又一代的人，对一些小事情认知上的积累。他们一点一滴积累的知识，最后凝聚成一座巨大的金字塔。在开始的时候这些事实和观察看起来好像没有多大的用处，但在最后如果找对切入口的话，那么它们的用处就非常大了。

很多看起来很难的设想和研究，都是在最简单的实践中得出的结论。古希腊数学家阿普罗尼斯·帕奇斯发现了圆锥截面，当时没什么人注意这个发明，也没人认为它的发现有什么用。到了20世纪，他的这一发现成为天文学的基础。天文学是一门领导现代航海家们与茫茫大海搏斗的最基础工具，它能够使现代航海家们一直沿着正确的航线航行，而且能把他们带到任何自己想要去的港口上。如果不知道线与面之间的关系，如果不是数学家们长期的研究，而只靠一些粗心的观察，肯定不会发现这样的成果，也就永远无法探索海洋了。

富兰克林发现闪电的时候，很多人都嘲笑着问他："闪电能干什么？"

富兰克林回答："小孩子小的时候用处也不大，但终究会长成人才的！"

意大利医生和动物学家伽尔瓦尼无意间发现青蛙在和金属接触的时候，腿抽搐了一下，这样一件小事却给了他莫大的帮助。经过多年的努力，他发明了电池，这个发明就像"在全球放了一个环行的电线一样"。

地质学和采矿业的诞生，是因为一些石头和化石出土了，一些人经过研究就诞生了这样的科学。当然了，在研究的同时，还得投入大量的资金和人力。

开矿、工厂开工用的一些设备，一些蒸汽船的动力设备，还有牵引火车头的设备等都是依靠一台小小的机器。它能够通过把水加热成蒸气，来提供动力，这机器就叫蒸汽机。茶壶里的水开了，里面的水蒸气就会把壶盖顶开，这就是用蒸气这种动力的原理——天才发明家瓦特发明了蒸汽机，它能够提供巨大的能量，足以被用于上述各种活动。

从事商业活动的人，必备具备这样一些主要素质——专心、守时、勤奋、准确等。

开始的时候这些素质也许都是小事，而且初期就算不具备这些素质，影响也不是很大。但是，对于一个人来说，长期来看它却影响着一个人能否成功，以及这个人能否对社会尽自己的一分力。从这一方面来看，上述的主要素质就很重要了。一件一件的小事，慢慢地影响着我们，改变着我们的品格，它们也构成了人生的全部，因为一个人的一生能有多少件是大事呢？

小事不能小看，因为它不仅影响到个人，有时候甚至能影响到一个国家的命运。英国国王理查三世，是金雀王朝的最后一位君主，据说在他的关键一战中，由于他骑的马在钉马掌的时候没钉好，打仗时掉了一只，战马失蹄，他被掀翻在地，从而败亡。英国从此开始了都铎王朝的统治，可谓"小事决定成败，帝国亡于铁钉"。如果一个人或者一个国家一蹶不振，那么我们肯定能从小事上找到原因。

从而可以看出平时做好小事，是决定一个人成败的关键所在，也是决定成功的秘诀。

肯努力不怕吃苦，成功才属于你

　　大千世界，总有一批勇敢的人们，他们通过自己的勤奋和坚强的意志力获得人们的尊重，慢慢地得到荣誉，有的被封为贵族。古时候的封建贵族们，他们为社稷作出巨大的贡献。他们为了保护自己的家园，在很多次战役中都英勇奋战。由于他们的献身精神，国家才得以安定、兴盛。他们被封为贵族也是理所当然的。他们分别是：希尔、克莱德、圣·文森特、尼尔森、哈丁和里昂、威灵顿。

　　大家应该都知道，法律界的人士要想得到贵族的称号非常不容易，比其他任何领域的贵族们付出的都要多。英国在法律界有七十多名贵族，其中有两个是公爵。他们在英国都是赫赫有名的大律师。厄斯金出生在贵族家庭，不过他的朋友都很普通。除了厄斯金外，其他的贵族们大都出生在普通的家庭。他们的父辈们有的是文员、杂货商，还有的是律师、中层工作人员。霍华德和凯文迪什，他们的父辈们都是法官，后来他们被封为贵族。这样的例子还有很多，比如说哈德威克、埃莱斯米尔、吉尔福德等等。

藤特登是法律界的贵族，他出生在非常贫穷的家庭，可是他从来没有觉得自己比别人卑微。他认为，一个人的出身决定不了他的未来，只要自己肯努力，勤奋学习，总有一天会取得伟大的成就的，他后来成功了。

有一次，藤特登带着他的儿子来到一个小茅屋，这个小屋的对面就是坎特伯雷大教堂。他告诉儿子，这个小茅屋曾经是他祖父的理发店，祖父为别人刮一次胡子只收一分钱。祖父是他们家人的骄傲。

藤特登小时候，特别喜欢唱歌，后来他成为教堂的一位小歌手。有一次，他和理查德法官出去审判的时候，路过那个小教堂。他们进去后，理查德兴致盎然地指挥唱诗班的人们唱歌。藤特登看着理查德说："还记得我们小时候的事情吗？我当时还在镇上的一所学校读书。有一次，教堂里要竞选唱诗班的领唱，后来我输给了你，我很嫉妒你。"

有些贵族坐上了英国最高法院法官的宝座。比如说凯尼恩、爱伦伯罗，还有现代的英国大臣、牧师的儿子坎贝尔。坎贝尔曾经在一家新闻报社当记者，一干就是好几年。他工作的时候很刻苦，所以干得很好。后来他成了一名律师。他没有钱，出去审判的时候都是步行。经过他多年的努力，他后来荣升为最高法院法官。他对工作一丝不苟，并且非常勤奋，人们都很爱戴他。实际上其他行业和法律界一样，只要努力，肯定会成功。

艾尔登和其他的成功人士一样，勤勤恳恳地工作，最终获得了很高的荣誉，并且得到了人们的爱戴。他的父亲是一位煤矿修理工。艾尔登小时候非常淘气，不好好学习，他经常去别人家的果园里偷果子，因此艾尔登被学校领导处分过好几次。他父亲知道他在学校里总惹是非，就打算让他去杂货店里当学徒。后来他父亲没有把他送走，而是把他留在身边学习煤矿修理。

艾尔登的哥哥在牛津大学读书，经过努力获得了学位。哥哥来信说让艾尔登去他那里读书，并保证会教好弟弟。他父亲同意了，就把艾尔登送到了牛津。艾尔登到达那里后，非常勤奋，再加上哥哥的帮助，他很快就获得了奖学金。他放假期间回到了家乡，他认识了一个女孩，并且和这个女孩恋爱了。后来发生了更荒唐的事情，他竟然和这个女孩偷偷跑到了别的国家，然后私下结婚了。他当时很穷，有时候甚至饿肚子。他的冲动让他失去了奖学金。他的朋友们都不看好这段爱情。后来他开始学习法律。他跟朋友通过信，信中这样说："为了我的爱人，我会辛勤工作。虽然我们的婚姻有些鲁莽，不过我会让她幸福的。"

艾尔登为了专心学习法律，他在伦敦的克斯特勒租了一间小房子。他学习非常刻苦，每天早上四点起床，一直学到深夜。他有时候也很瞌睡，为了克制自己，他把一块湿毛巾裹在头上。在律师的教导下会获得更多的知识，可是他没有钱交学费。为了能够学得更好，他把判例集的其中三卷抄了一遍。

艾尔登后来被封为法律界的贵族。有一次，他和秘书出去办事，途径克斯特勒。他感叹道："我当年就在这里学习，那时候很穷，几乎没钱吃饭。晚上我拿着6便士穿过街道，买点最便宜的东西充饥，可以想象当时的困苦生活。"艾尔登当时的努力没有白费，他拿到了律师资格证书。可是工作并不好找，过了很长时间，他终于找到了一份工作，那时工资只有9先令。他非常勤奋，经常在伦敦法院和北部其他法院之间奔走，4年来，他积累了丰富的经验。

艾尔登刚工作的时候，没有人找他打官司。后来他就接手一些穷人们的小案件。这样的日子他实在坚持不住了，他决定离开这里，到大城市里谋求工作。他终于摆脱了这份枯燥的工作，从此他不再是一名不起眼的乡村律师。他从小就有这样的勇气，比如说他说服父亲不去杂货店里打杂，不做煤矿修理工。

艾尔登的离开预示着他的成功。有一次很好的机会，他可以充分发挥他的才能。他在办理案子时发现一个可疑的地方。可是当他提到这一点时，当地法院并没有理会他。后来在最高人民法院判决时，艾尔登的说法得到了赞同，并且他最终取得了成功。

那天案件结束后，有位律师走到他跟前说："你很了不起，年轻人，你的明天会更加辉煌。"这位律师的话确实很准，没过多长时间，艾尔登已经名传千里了。曼斯菲尔德贵族曾经这样说过："艾尔登是一位非常成功的律师，只要他接案子，一年挣三千里拉没有问题。"

斯科特和艾尔登的经历差不多。斯科特当上了皇家法律顾问，那年他才32岁。他还是一位首席法官，北部的巡回审判都归他管。除此之外，他还在威布雷市担任议会代表。他刚开始工作的时候，也经历了很多困难，不过都被他一一克服了。他很勤奋，学到了丰富的知识，这都为他的成功奠定了基础。他的勤奋和能力注定了他的成功。他荣升为律师和司法部长。获得这个职位后，他并没有骄傲自满，而是更加努力工作。没过多久，皇家任命他为英国贵族大臣，这是最高最神圣的职位。在这个职位上他辛勤耕耘25年。

亨利·比克思特斯的父亲很不简单，他通过自学医学知识，后来成为一名外科医生。亨利继承了他父亲勤奋好学的优点。他父亲把他送到爱丁堡上学，那时他非常刻苦，掌握了丰富的医学知识，因此在学校里获得了很多奖励。学业完成后他回到家乡，每天帮助父亲医治病人。乡村的条件非常简陋，他有些厌恶这份工作。不过他并没有放弃，只要有时间，他就会自学这方面的知识，只有这样他才能不断地提升自己。

后来亨利开始研究生理学的高级分支学问。他父亲为了培养他，就把他送到了剑桥继续学习。他父亲希望他在那里用功学习，争取早日获得医学学位。有了医学学位，亨利就可以留在大城市当医生。亨利的学习达到了废寝忘食的地步，没过多久，他的身体就吃不消了。他加入了牛津地区流动医生的队伍，他可以趁此机会锻炼一下身体。

在流动工作的时候，亨利喜欢上了意大利的文化，并且学会了意大利语。学了这么多年医学，实际上他对医学并不是太感兴趣，经过再三衡量，他放弃医学。不过当他返回剑桥时，学校授予了他医学学位，除此之外，他还获得了数学学位。他小时候就有一个理想，就是长大后要当一名军人，可是一直都没有实现。离开剑桥之后，他又进入英国内殿法学院学习。就像当年学习医学知识一样，他刻苦学习法律。那时他给他父亲写过一封信，信中这样说："有很多人都佩服我的毅力，他们认为正因为我的这个特点，不管我做什么事情都会成功。我也相信自己能够做到。可是我有时候也很迷茫，我不知道怎么做才能成功。"

亨利拿到了律师资格证书，他开始出庭审理案件，那年他只有28岁。那时他没有什么名气，很少有人找他审理案子，他当时很穷。为了能够更加充实，他不断地学习，可是过了很久他都没有找到工作。为了节省钱，他从来没有去过娱乐场所，就连那些必需的日用品他也很少买。他就这样节俭地熬日子。

在亨利寄给家人的一封信中这样说："我已经熬了很久了，应该出现一次机会展示我的学识了。我担心这次机会来得太迟，那样的话，我可能会撑不下去。"他这样艰难地度过了3年，可是仍然没有机会垂怜他。在给朋友的一封信中他写着："我准备放弃律师这个职业，因为我不想再靠你们的接济过日子。我决定回到剑桥，在那里我能挣到一些钱，最起码可以养家糊口。"朋友收到他的信件后，又给他寄去了一些钱，亨利不得不收下了。

亨利终于可以摆脱贫困的生活了。有一次他接手了一个小案件，并取得了很大的成功。后来就有人找到他，委托他办理大案件。他的学识为他的成功创造了很好的条件。不管是大案件还是小案件，他都会认真处理。通过这些案件他可以不断提升自己。他的才华和能力终于有了施展的地方，同时他也获得了相应的回报。

就这样干了几年后，他还清了所有的债务，从此过上了幸

福的生活。他工作很努力，得到了很多人的欣赏。这时他已经
是一位很有名气的大律师，他成功了。后来亨利被任命为主事
官。他的成功和努力、毅力，还有他的忍耐力是分不开的。

从这个例子可以看出，一个人只有勤奋工作才能获取最高
的荣誉，受到人们的爱戴和支持。在努力工作的同时也获得了
丰厚的回报。所以我们一定要相信，不管我们是否具备天赋，
只要我们肯努力，不怕吃苦，成功总有一天也属于我们。

兴趣和耐心能帮你创造奇迹

查尔斯·贝尔对自己的工作很有耐心，并且具有坚强的决心和意志力。他对神经系统非常感兴趣，废寝忘食地钻研，所以他在这个领域作出了很大的贡献。当时贝尔还没有着手研究神经系统，关于神经系统的功能有很多种说法，没有一个权威性的观点。实际上，早在德漠克利特和阿那萨哥拉取得一定的成果后，这么多年来，这方面的研究一直停滞不前。查尔斯·贝尔开始研究神经的功能。他很有耐心，经过无数次的试验，他证实了自己的观点，并将这个观点公布出去。他从1821年就开始研究整个神经系统，他的观点有独到之处。

贝尔的论文非常清晰，他从最低级动物的神经系统开始分析，然后逐渐上升，直到分析人类的神经系统。他是这样评价论文的："这篇论文条理清晰，简单易懂。大家看了都会明白。"在他的论文中这样说道："人的脊椎骨髓能够产生脊椎神经，并且这种神经有两种功能，一种是控制人的感官，另一种是控制人的意志力的强弱，并且这两种功能是通过不同的神经系统传输的。"

关于神经系统的功能查尔斯·贝尔研究了40年，他在1840年向皇家学会提交了他的第一篇论文。过了一段时间，人们慢慢接受了他的观点，医学上也开始接受他的研究，后来国外的医学界也对他的研究颇感兴趣，人们承认了他的观点，并且认为它就是真理。在深入研究的时候，他每一步都很小心，他怕一步没走好毁了自己的名声。后来他的学生走了，他自己继续试验，找出更多的例子，这样才能更有说服力。经过他的不断研究和探索，他又有了新的发现。后来人们意识到了查尔斯·贝尔为了给医学界作出贡献，受到了很多阻碍。在居维叶病危的时候，他的脸已经扭曲了，原因是他的脸部神经受到了旁边神经的拽拉。他的这种症状很好地证明了贝尔的研究。

马歇尔·霍尔医生也是研究神经系统的，在研究的过程中他同样受到了很多质疑。他非常有耐心，也很细心。他的观察力很强。有些东西人们根本不注意，或者只看到了表面现象，但是马歇尔·霍尔却能看到它们的本质。他在发射性神经系统方面取得的成就，让医学界为之震撼，他也因此成为著名的科学家。在发现发射性神经系统之前，他当时正在研究法螺的肺循环系统。他把法螺的头、尾巴和外壳都切掉的时候，法螺仍然能在桌子上移动。只是它的身体扭曲成一团，并且在它移动的时候不断地变换形状。霍尔医生一直在想："我根本没有触碰它的肌肉和神经，它为什么还会移动呢？"当然这种现象很多科学家早已看到，可是只有霍尔愿意一探究竟。这就是他发现发射性神经系统的起因。他曾经对自己说过："不管遇到什么问题，我都会把它弄清楚。"他一直查资料，研究这个问题。他当时为了研究这种现象花费了两万五千个小时。除了这项研究，他还在圣·托马斯医院和其他医疗机构任教。即使他这么努力，他提交给皇家学会的论文还是被拒绝了。又过了17年，皇家学会终于批准了他的论文。当时国内的医学界已经肯定了他的观点。

威廉姆·赫歇尔先生是一位伟大的科学家，他具有坚强的意志力。他的父亲是一位德国音乐家，不过他们的生活很清贫。他有四个弟兄，他们都受到了父亲的影响，从而走上了音乐的道路。

赫歇尔来到英国不久，就加入了达拉漠民兵乐团，他在乐团里演奏双簧管。军团后来驻扎在唐开斯特，他这时认识了一位叫作米勒的医生。米勒听过他拉的小提琴，觉得非常优美。出于对赫歇尔的欣赏，米勒和他聊过天。他建议赫歇尔离开军队，到他家住一段时间。赫歇尔听从了他的建议。他在唐开斯特主要是拉小提琴。只要有时间他就会去米勒家的图书馆看书。后来哈利法克斯教堂又创建了一个管风琴乐队，要招聘一名管风琴演奏者。赫歇尔参加了面试，很顺利就被录取了。

赫歇尔厌烦了教堂里的演奏，他开始流浪。来到巴斯后，他在一家迪厅演奏管风琴。当时一些天文学家的发现吸引了他。他非常好奇，就从朋友那里借来了一副望远镜。他迷恋上了天文学。他打算买一副望远镜，可是太贵了。他突发奇想，为何不自己做一副望远镜呢？不过做望远镜最重要的就是要有凹形金属反射镜，要想做出这个小设备有些难度。

赫歇尔克服了所有困难，成功地制作出了一个高5英尺（1英尺=0.3048米）的专业望远镜。当通过望远镜观察天空中的形状时，他心里有说不出的高兴。过了不久他又做一个7英尺高的望远镜，可是他仍然不满足，又做了一个10英尺高的，后来还做了一个20英尺高的。在他刚开始做7英尺高的望远镜时，他做了两百多次实验，才成功地做出了能够承载重力的反射镜。这一点更能说明他是一个勤奋、意志力坚强的人。他的兴趣和生活都需要钱，所以他没有放弃演奏管风琴。他痴迷于对天空的观察，即使在演奏的间歇，他也会溜出去观察一会儿天空。只有这样他才会精神抖擞地继续演奏。经过他的观察，他发现了乔治·姆西德斯。它的轨道和移动速度都被他计算得清清楚楚。后来他把研究的结果提交给了皇家学会，他的成果得到了皇家学会的认可，他成功了。卑微的管风琴演奏家从此得到了很高的地位。过了不久，乔治三世赋予了他高贵的荣誉和皇家天文学家的光荣称号。不过得到这些他并没有骄傲自满。他还像以前一样谦虚、和蔼、做事有耐心。

一个卑微的管风琴演奏家通过努力成为人们认可的天文学家，简直就是一个奇迹。

坚强的意志是最真诚的智慧

如果一个人具有坚强的意志力，那么不管他做什么事都会取得成功。那些优秀的人士经常会说："因为我们具有坚强的意志力，所以在我们追求理想的时候，不管遇到多少困难，我们都能克服。我们应该对未来充满希望，我们可以通过自己的努力把未来打造成理想的状态。"

有个木匠为了给一位地方官员设计凳子，花了不少心思。有人问他原因，他回答道："将来有一天我可能要坐这把椅子，所以我要把它设计成一把最舒服的椅子。"后来他确实坐上了这把椅子，成为当地的官员。

从这个故事我们可以看到，未来想做什么事情，主要看自己的选择。如果一个人在河里游泳，其他人根本决定不了他将要游向哪里，所以我们应该做一位强健的游泳者，即使在逆水中我们照样可以前行。这样我们就可以游向自己向往的目标。

我们的意识是自由的，只要我们拥有坚强的意志力，就能明确目标，奋勇前进。如果我们丧失了意志力，我们就会变得很麻木，根本不知道自己想要什么。当然我们也不能过分自由，比如家庭规则、社会规范、商业活动等这些都会约束我们的行为。如果没有这些东西约束我们的话，我们就没有责任感了，并且建议、教育、传教、正义等这些就跟我们脱离了关系。我们没有了统一的信仰，法律对于我们来说也是没有效力的。在生活中意识会时刻提醒我们：我们拥有自由的意志。

一个人拥有坚强的意志力确实很重要，不过我们应该把这种意志付诸行动。不管我们做好事还是做坏事，都是在把意志转化为行动。我们应该学会主宰自己，不要因为我们的习惯或者外界的诱惑而迷失了自我。不管阻碍我们前进的习惯多么顽固，我们都能通过意志来抵制它，控制它。所以说，具有坚强的意志力非常重要。

拉蒙纳斯跟一位年轻人说："你现在还年轻，要想决定一件事情很容易。如果到了年纪大的时候，恐怕想作决定也不可能了。你一定要养成善于决定的习惯，并且坚定自己的意志。

因为只有这样，你才不会像一片枯萎的叶子那样随风飘摇，你的明天才会过得更好。"

布克斯顿认为，如果一个人具有坚强的决心，并且相信自己的决定，坚强地走下去，那么没有任何事情可以难倒他。他给儿子写信时这样说："对于你来说现在是一个关键的时刻，所以你必须尽快决定出到底往左走还是往右走。你决不能成为一个懒散、一事无成的人，你要有原则、意志力和坚强的决心。如果你真的变成懦弱不前的人，到那时你再后悔也来不及了。我相信你会成为一个充满激情的青年，只要自己决定的事情就一定要完成。我年轻的时候就是这样，所以我现在很成功，生活得很幸福。千万不要轻视自己，相信自己的决定勇往直前。"意志一定要有方向，只有这样坚持才有意义。意志的方向也分为两种，一种是高尚的方向，这时坚强的意志就像一位掌管一切的国王，智慧则是一位贤能的大臣，有它们的帮助，人生的路上你还怕什么呢？另一种是享乐的方向，这时的智慧非常低俗，坚强的意志也变得邪恶起来，一个人的一生就毁了。

有句话大家都知道，有志者事竟成。从这句话也能说明意志的重要性。如果一个人具有坚强的意志力，那么不管他遇到什么困难都能很好地解决。我们必须具备处理事情的能力，当我们决定要做某件事的时候，我们能够顺利完成。苏瓦罗也是一个意志力坚强的人，他把所有具备这种精神的人称为一个体系。有时候他会告诉那些失败者："你们失败的原因就是，你们只拥有一半的意志。"在黎塞留和拿破仑这样的人眼里，根本不存在"不可能、我不知道、我不能"这样的词句。当然这些词语也是他们最讨厌的。他们呼吁的是："学习、实践、尝试。"这些词语在他们的自传中经常看到。从这个例子可以看出，一个人拥有意志和能力是多么伟大的一件事情，实际上每个人身上都具备这两种品质。

"坚强的意志是最真诚的智慧。"拿破仑很喜欢这句格言。从他的成就可以看出，坚强的意志在人的一生中所起的作用。工作对于他来说非常重要，他把所有的精力都用于工作。由于统治者的无能，国家衰败了。这时大权交到了他的手里。他们的军队要想前行，必须经过阿尔卑斯山。他坚定地说："一个阿尔卑斯山是不可能挡住我们的去路的。"时隔不久，一条穿越西坡伦的路建成了，这是一项非常艰巨的任务。在他眼里，只有那些愚蠢的人在面对困难的时候会说出"不可能"
这个词。他简直就是一个工作狂，他有四个秘书，可是每一个
都会被他使唤得疲惫不堪。只要他忙，大家都会跟着忙，所以
要想休息的话，除非拿破仑休息。他这种热爱工作的精神感染
了每一个人。他从一个普通的人奋斗成为法国皇帝，这是一件
多么不容易的事情啊。可是后来他把自己毁了，也毁了法兰
西。因为在他自私行为的驱动下，他建立了一个独裁机制。他
的一生给我们留下了深刻的教训，一个人具备强大的能力和坚
强的意志力，如果不做善事的话，仍然会一败涂地。

"没有伟大的意志力，就不可能有雄才大略。"一个人不
论做什么，一旦做出决定，就要全力以赴，无论有什么困难，
只要你真的想做好，一定会找到方法。

以勇士们为榜样，走好人生之路

查尔斯·纳皮尔是一位印度将领，他勇气十足，并且非常坚定。当他在战场上被敌人包围的时候，他认为自己只是一时遇到了困难。在米娅尼战役中，他只有两千个士兵，并且这两千个士兵中有四百个是欧洲人，而敌方则有三千五百个巴罗奇人，并且个个武装齐全，能征善战。这场战役要想取得胜利确实很困难，可是在查尔斯·纳皮尔心中只有一个信念，那就是胜利。当巴罗奇人把他们包围起来的时候，在他的命令下所有的战士们都坚守在堡垒后面。战场上硝烟滚滚。在纳皮尔的鼓舞下，他的战士们个个信心十足，以顽强的毅力跟敌人对抗。他们胜利了。

当时巴罗奇军队的兵力比印度兵力强，可是在面对英勇的纳皮尔率领的军队时，巴罗奇军队还是撤退了。坚强勇敢的军队往往是胜利者，而勇气不足的另一方则注定失败。在一些特殊的情况下，可能比敌方多坚持几分钟就能赢得胜利。即使当时自己的兵力和敌方的相差甚远，不过只要在将领的鼓舞下坚持下来，过不了多久敌方的势力就会大大减弱，这时鼓足勇气出击就会大获全胜。斯巴达原来是一位地地道道的农民。有一次他的儿子抱怨，剑太短了，根本打不败对手。他让儿子朝他走了一步，然后告诉儿子这样就可以刺到对手了。这是一个处世的道理，它能帮助我们解决生活中的很多问题。

战场上不管遇到什么困难，纳皮尔从不退缩，他带领士兵们一起对抗敌人，他的坚定和勇敢给士兵们带来很大的勇气。他曾经这样说："智慧的人从来不贪图享乐，有什么任务和士兵们一起完成，并且公平对待每一位士兵。如果将领在作战的时候都不能全神贯注，坚定不移，那么士兵们会更加涣散，所以就不可能战胜对方。在危险的时候，我们更应该付出努力，鼓足勇气，只有这样胜利的希望才会更大。"

在行军的路上，一位年轻的战士对战友们说："当我想偷懒的时候，看到比我年纪大的人在马背上颠簸，我就会很惭愧。在危险的情况下，如果他命令我完成一项任务，我就会英勇地奔向前去。"后来这话被纳皮尔听到了，他表扬了这位年轻人，并让战士们学习年轻人身上不畏艰险的精神。

纳皮尔在印度的时候碰到过一位魔术师，他们之间发生的事情更能说明他的朴实、诚恳和冷静。当时刚结束印度战役，一位有名的魔术师来到军营，为纳皮尔的家人和属下们展示了他的技艺。其中一个魔术就是，他能把放在助手手上的橙子一刀劈成两半，并且不会伤到他的助手。纳皮尔认为这其中肯定有诈，这位魔术师肯定事先和他的助手商量好了。要不然这一刀下去他的助手不可能安然无恙。他想揭穿这种鬼把戏，就要求和魔术师一起来完成这个魔术，他把一个橙子放在右手上让魔术师砍，魔术师看了一会儿仍然没有下手。纳皮尔大声说："你们这一套骗人的鬼把戏，根本瞒不过我的眼睛。"这时魔术师说："您的右手不合适，能不能把您的左手伸出来让我看看。"纳皮尔答应了他的要求，伸出了左手。魔术师认真地看了看说："这只手可以，请您把橙子放在上边，我再给您表演一次，不过在表演的时候您的手最好不要乱动。"纳皮尔疑惑地问："为什么右手不可以而左手可以呢？"魔术师回答："您的左手长得很饱满，所以比较安全。但是右手比较空，表演起来容易伤到手。"

纳皮尔吃惊地说："真是太不可思议了。我还想着这只是一种骗人的把戏而已，没想到这位魔术师真的会这种技艺。他让我把橙子放在左手上，伸直胳膊，并且不能抖动。只见魔术师镇定地瞄准目标，迅速地一刀劈下去，橙子果真被他劈成了两半，我的左手完好无损。当他的刀劈下去的时候，我只是感觉到了一股凉气，真是太不简单了。这位魔术师是一位勇敢的印度剑客。不过我们在米娅尼战役中打败了他们的军队。"

对于一个国家来说，具有坚定的意志和自力更生的能力非常重要。这点在印度战役中体现得淋漓尽致。

1857年5月，叛乱在印度爆发了。当时英国的军队已经所剩无几，这都是愚蠢的统治阶级的错。并且这些军队不集中，分布在印度的各个地区。孟加拉军纷纷冲向德里，战争已经波及很多城市，英国军队抵抗不过这些叛军，不断地发出求救信号。驻扎在海湾的小分队已经被叛军们包围了。在短短的时间里，英国军队已经被打败。这场叛乱就像闪电一般，眨眼工夫就过去了。可是英国人却称他们从来没有经历过战争。可怜的是，战败已经成为事实，他们是无法逃避的，只能无奈地接受。

叛乱爆发后，当地的霍尔卡王子来到占星家跟前要求占卜。占星家告诉他："叛乱不会轻易地停下来的，欧洲人肯定会征服我们的。就算他们剩下最后一个人，也会和我们斗争到底的。"可是就在即将战败的时候，勒克瑙的少数英国士兵、妇女和平民仍然组成一支军队，抵抗小镇中的叛军。他们心中充满了希望，他们没有向叛军屈服。当时他们根本不知道叛军已经占领了印度，并且他们和朋友、家人已经失散了好几个月。可是他们仍然顽强抵抗着。他们充满了勇气和信心，为了保卫祖国他们不惜牺牲自己的一切，包括他们的生命。

在印度集合起来的英国人从来不畏惧困难，他们心中充满了希望，即使有一丝希望他们也会抗争到底。他们仍然坚守在自己的岗位上，并且做好了牺牲的准备。如果英国的军队真的战败了，他们就会在自己的岗位上或者自己的职责中倒下去。

哈夫洛克、因吉利斯、尼尔以及奥特罗姆，他们都是勇士，是值得我们学习的英雄模范。这些伟大的烈士永远活在我们心中。在战争中他们拥有坚定的信念，不畏艰险，和敌人抗争到底。蒙塔兰姆伯特曾经赞扬他们，说他们是人民的骄傲。

除了他们，还有那些最普通的人民，所有的战士们和那些最勇敢的妇女们，他们也是值得我们骄傲的。我们在大街上、田野里，还有工厂里会经常见到普通的他们，虽然他们不是健硕的士兵，但是他们有着一颗和士兵一样的爱国之心。他们敢于和邪恶抗争，即使在最为难的时刻，他们也毫不退缩。他们都是英雄，因为他们具备英雄们高贵的品质。蒙塔兰姆伯特说："所有的平民、士兵和将军，不管是年老还是年少，他们都勇敢地和敌人战斗。在战斗中他们很多人都牺牲了，但是他们的脸上没有一丝痛苦、恐惧的表情，他们都很平静，也很安详。从他们的行为和表现中，我们看出了教育的力量。每个人在年幼的时候都开始接受教育。国家会教导他们，要和别人团结互助，遇到挫折或者困难的时候，不能退缩，要勇敢地面对。在他们的成长中也接触过很多类似的事情，长大后他们已经具备了保护自己的能力，并且抵触别人对自己的侵犯。"

在一位名叫约翰·劳伦斯的将领的保护下，德里才没有沦陷，印度也得到了拯救。他为人热情，责任心非常强，在工作方面更是勤奋努力，周围的人们都被他的这种精神感染了。

约翰·劳伦斯非常有才能，他的手下都非常佩服他。德里战役中，他的弟弟亨利先生立下了大功。亨利有自己的一支朋加伯军。他们在作战的时候非常英勇，战士们都很佩服他们，并相信在他俩的率领下，肯定能够守住德里。实际上最高贵的品质就是他们的仁慈，他们的这种精神让战士们非常感动，当然他们俩也受到了所有战士的爱戴。爱德华曾经说过："他们身上的品质赢得了战士们的喜爱，这种品质会感染每一位战士。有这么好的统领，战士们会更加自信。"

除了亨利之外，约翰·劳伦斯先生还有很多得力的助手，如蒙哥马利、尼克尔森和科顿，还有爱德华，这些优秀的将士是他们胜利的根本。在这些人身上同样具备劳伦斯的果断和敏锐。他们中间最优秀的一位将士就是约翰·尼克尔森，他比其他人更加勇敢，品质比其他人更高尚。当地人说他是一位最勇猛的智者。达尔蒙贵族说他是一座坚定、结实的铁塔。他的力量和勇气不得不让人佩服。即使最困难的任务交到他的手上，他也能顺利地把它完成。在战争中，有55个印度叛兵逃逸，尼克尔森骑着马追捕了20个小时。为了对付敌人在德里的常规军，劳伦斯和蒙哥马利组织了一支朋加伯军。并且开始招募士兵，一些欧洲人和印度锡克教徒踊跃加入了队伍的行列。得到广大人民帮助的劳伦斯，把整个城市安顿得井然有序。劳伦斯当时给指挥员写了一封信，信上说我们已经把反抗者吊在了城墙上，以作警示。尼克尔森在战争中牺牲，一位印度锡克教徒的士兵趴在他的坟墓上哭着说："您领导下的部队精湛，在几英里之外就能听到他们前进的声音。"

勒克瑙军团的第32军当时驻扎在卢克罗，可是后来卢克罗被20万敌军包围了，并且在卢克罗除了驻扎的这支军队外没有别的军队了，所以他们只能凭借着自己的力量与敌军抗衡。在因吉利斯的领导下，第32军与敌军顽强战斗了6个月。在夺取德里的战争中，这样的事例很多。

英国军队准备赶走敌军夺回德里，可是他们的兵力不足。算上当地的步兵和欧洲的士兵，他们只有三千七百人，而敌军有七万五千人，可以说他们是以卵击石。不过他们有顽强的斗志，他们用有限的士兵包围了德里。敌军都是经过正规训练的战士，并且武器充足，他们不断轰炸城外的英国军队。英国军队顶着炎炎的烈日驻扎在城外，敌军轰炸了他们三十次，他们伤亡惨重。在霍德森上校的带领下，他们仍然斗志十足，不惜牺牲生命。霍德森上校说："我们是世界上最勇敢的士兵。我相信除了我们的军队外，再也没有其他的军队敢这样跟敌人斗争。"他们有着顽强的毅力，从来没有休息过。他们意志坚定，始终坚守着阵地。他们赶走了敌军，重新占领了德里。在德里的上空飘扬着英国国旗。

霍德森是一位伟大的将领，他领导的士兵们也非常伟大。士兵中的很多人都是平民百姓，年轻的上校平时过着高贵的生活，可是在战争中，他就是最勇敢、最坚强的勇士。他们的胜利值得所有人学习，他们的精神值得所有人传承。从过去的战争中，我们可以吸取很多教训，在以后的生活中最好不要犯类似的错误。我们也应该以勇士们为榜样，走好人生之路。

工作狂与他想要做成的事

如果一个人拥有高尚品德，非常勤奋，并且整天精神抖擞，那么他的精神就会感染身边的每一个人，包括他的邻居、侍从，甚至连国家也会受到他的影响。约翰·辛克莱就是一个很典型的例子。

在阿比·格雷哥亚眼里，约翰·辛克莱就是一个工作狂，并且从来不知道疲倦。早年，约翰·辛克莱居住在约翰·格罗斯豪斯附近，他的父亲是一个地主，家里很有钱。那里是个比较落后的乡村，非常荒凉，而且雨水很多。16岁那年他父亲就去世了，于是家中的财务就由他来管理。他18岁的时候，在凯思内斯郡创业，并取得了成功，后来业务发展到了苏格兰。当时的凯思内斯郡非常贫穷，田地都是公共的，没有任何灌溉工具，庄稼的产量很低。农民们没钱买牲畜，所有的重活都由妇女们自己来干。妇女是最廉价的劳动力，他们也不用买马了。村里没有一条宽敞的通道，河上也没有架桥。那些贩卖牛的商人只好和牛一起游过河。靠着山的一边有一条小路，非常陡峭，小路对面就是一条湍急的河流。只有这条路可以从外边通向凯思内斯郡。

当时约翰先生很年轻，可是他已经下定决心，要开辟一条跨越本切尔特山的路。那些年迈的当地人听了他的想法，觉得很荒唐，很不真实。那个夏天，约翰找了二百多名工人，开始修路。约翰的主要工作就是监督工人们干活。

为了激励工人们干活，约翰总是按时到达现场，和他们一起干。第一天，他们就开辟出了一条6英尺长的小路，这简直就是一个奇迹。这条路确实很窄，并且很危险，马车根本无法通过，但是独轮车可以通行。这是一个伟大的工程，他的精神值得我们学习。由于他的正确指导，这条小路才能顺利完工。附近的村民听说了这件事，都被他不屈不挠的精神震撼了。

在后来的日子里，约翰做了很多有意义的事情。他又带领工人们开辟了很多条路，修建了好几座桥，建造磨坊。他把开垦后的土地分给农民们耕种。为了多收粮食，他引进了先进的技术，每年至少可以种植两季农作物。他还买了一些奖品，如果哪家农民干得好，就会奖励他们。这样就会调动大家种田的积极性。他带动了整个地区的发展，农民们受到他的影响，也具有了创新的精神。贫穷落后的凯思内斯郡在约翰的带领下，已经变成了交通便利、农业和渔业共同发展的富裕乡村。

受到当时条件的影响，每周邮差只送一次信。那时约翰还很年轻，不过他已经暗下决心，为了方便人民，一定要解决这个问题。"每天都会有人驾着马车往返瑟索送信"，他要把这个想法变为现实。附近地区的人们并不相信，他们认为约翰不可能做到。经过他的努力，政府终于设立了一种制度：每天邮差必须到瑟索收送一次信。类似的制度也在其他地方实现，他为人们作出了很大的贡献。

英国的羊毛质量好，得到了人们的一致好评。可是约翰发现，羊毛的质量越来越差，长期这样的话，英国的羊毛就会退出市场。那时，约翰只是一个普通的乡村绅士。但是他已经下定决心，要尽自己最大的努力改变现状。通过约翰的努力，英国针对此事成立了羊毛协会。约翰自己掏钱，从国外买回八百多万头绵羊，主动承担起了实际调查工作。

经过调查，约翰发现南方的羊可以运到北方饲养。这种观点受到了牧羊人的反对，他们没有经历过这样的事情，所以他们觉得这个想法根本行不通。约翰并没有因此放弃，反而更加坚持自己的想法。几年过去了，在北部农村，约翰成功地引进了三十万头切维厄特羊。牧场的面积越来越大，苏格兰人因此获得了很多利润。

过了不久，约翰离开了凯思内斯，又回到了议院。在那里，约翰充分把握每一次机会，做了很多既实际又很有意义的事情。他在这个岗位上一干就是30年。皮特先生了解到，约翰为公众事业作出了巨大的贡献。皮特先生非常敬佩他，就邀请他到家里做客。皮特先生对约翰说："如果你有困难就告诉我，我会尽最大努力帮助你。"但是有些人并不认为约翰伟大，在他们眼里，约翰做这些事情是为了荣誉、为了地位。约翰先生真诚地回应了此事："我做这些事情没有一点私心。我很感谢皮特先生，如果没有他的帮助，全国农业协会也不可能成立。"

亚瑟·杨听说约翰要成立农业协会，觉得很不可思议。约翰并没有理会他，一心扑向了工作。他把这种想法公布出去，让广大人民都来关注此事。与此同时，他还公布了支持他的议员名单。他终于成功了。农业协会成立后，约翰被推举为农业协会会长。协会促进了整个英国农业的发展。荒废的牧场被重新改造成农场，大量的荒地被重新利用。英国的农业得到了飞速发展。

约翰在渔业方面，同样作出了很大的贡献。他努力了很多年，终于实现了他的想法：在维克建造一个港口。后来，这里发展成了重要的渔业城镇，在全世界都很有名。通过他的努力，管理英国工业的重要部门在瑟索和维克相继建成。约翰先生非常努力，他把自己的精力投入到了各种工作中。他的精神影响了很多人。懒散的人改掉了坏毛病，从此勤奋工作。对未来充满希望的人，更加坚定自己前进的方向。

约翰听说了法国要入侵英国的消息，就决定用自己的钱成立一支部队。他来到北部，招募了六百多个战士，没过多久就增加到了一千多人。约翰的爱国精神和高尚品德感染了每一位士兵，虽然这支部队没有经过正规的训练，不过仍然是一支非常优秀的部队。除了练兵，他还身兼数职。他是农业协会会长、英国羊毛协会会长、英国渔业协会会长、苏格兰银行行长、国库债券发行专员、议会凯思内斯郡议员、维克市市长。

他在做这些公共事业之外，最喜欢做的事情就是写作。多年来，他编著了很多书，称他为作家一点都不过分。有一次，美国大使拉什先生来到英国，问科克先生，关于农业方面的著作，哪本书籍最好。科克先生向拉什推荐了约翰·辛克莱的著作。范恩塔特先生是国库债券的管理者，大使问他，关于英国的财政哪本著作最好。范恩塔特先生向大使推荐了约翰的《国家财政收入的历史》。这本著作共有21卷，在所有关于英国财政的书籍中，这本是最具有现实意义的著作。约翰以公共事业为重，这本著作是他用空闲的时间完成的，所以写了8年，里边凝结了他的心血和汗水。这本书出版后反响很大，他收到了两万多名读者的来信。

约翰写这部书不是为了挣钱，他把这本著作带来的利润全部捐给了苏格兰牧师协会。这只是他的一种爱心行动。这本书出版后，公共事业得到了迅速发展。校长和郊区牧师的工资涨了，苏格兰的农业更加兴盛，政府废除了压迫人民的几项封建特权。

你的责任就是你的使命

责任是一个人的使命，是一个人的人生方向和前进的
动力，它赋予了一个人做人的意义。

做人要有责任感

　　真正的英雄，几乎不存在于我们这个时代。我们为什么没有从英雄身上继承衣钵呢？那些为职责大声宣扬的伟人也会偶尔出现，可是他们的声音很微小，就如同一望无际的大草原上，婴儿的一声啼哭，是不会有人能听到的。德·托克维尔就是这样一个悲剧人物。他的命运尤为悲惨，被监禁、被放逐，最后连自己的公民权也被剥夺了。在给克尔格雷的信中，他如此写道："我会和你一样为守护职责和任务付出代价，可是我会自愿地坚守到底，我会在阻碍面前表现出更多的活力。对于与我们一样痴迷于自己职责的人是否还存在，我的答案是否定的。只有为了全人类的利益这一目标，我们才会付出毕生的代价。"

　　仁厚如德·托克维尔这样的人也有许多无法容忍的东西。

他这样说过："有人会乐意为他们看不起的普通人服务，可是有些人，是满怀对同胞的爱才为他们提供良好的服务。前者会在恪尽职守中表露出鄙夷的感情，这会让他们的行动有所保留，人们也就不会对他们表示感激和信任。在我看来，我是属于后者的，尽管它更加难于执行。对于许多人卑劣和无知的行为，我表现出讨厌和厌弃的感情；对于我的同胞和人类，我怀有真心的爱。"

法国在路易十四执政后的这段时间里，战争的硝烟四起，充满了好战的情绪。那些挺身而出，对此进行抗议、抵制，并且批判战争与骚动的人，都是诚实和对人类负责的人。他们到处进行宣传和号召，以自己的亲力亲为教导别人。这些勇敢者里就有圣·皮埃尔牧师，他敢于在公开场合对路易十四的好战行为进行责骂；对于君主是伟大的这一荒诞的说法，他给予了批驳，他已经不顾自己生命的安危了。这位主张世界和平的牧师也因此丢掉了学院里的职务。他孤身去了乌德勒支，那里有定期的神职人员大会，他参与其中并作了主张和平的发言。他是个忠实的人，满怀热情，并极力为和平事业进行宣传。对于这位牧师的计划，杜篷主教称其为"诚实人的梦想"。只有福音书里才会存在这个牧师的梦想，牧师还不具备把耶稣的仁爱精神用作减少人类战争和恐惧武器的能力。基督教国家会定期举行神职人员大会，牧师们通过这种呼吁来感染大家，让他们所宣传的信仰可以实行。这会有用吗？牧师的话，在那些身居高位的君主眼里不过是毫无作用的呼吁罢了。

为了让自己的思想能够被人们认可，在1713年，圣·皮埃尔公开发表了他的计划——"永久和平计划"。计划中，他提出要由各国代表组织成立一个欧洲议会，或者是欧洲参议院，这个组织将会对每个国家的国王的决议进行约束。在这个组织里，大家可以自由发表观点，找到一个合理解决问题的方法。在这个计划发表后，时光过了80年，威尔登问道："什么叫民族？民族是由社会和全体公民组成的。什么是战争？战争就是人之间的决斗，或是争抢。社会该如何处理两人的争执呢？它应当给予制止，做好调解。在圣·皮埃尔教士所处的时代，这些想法不过是梦想罢了。可是令人可喜的是，现在它正慢慢地被加以实现。"可是，威尔登这个美好的预言却没能实现。法国在5年后，经历了一场接一场战争的劫难，这场悲痛的苦难是从来没有过的。

　　牧师并没有停留在空想的层面，他是个善良的人，提出了许多在以后得到实现的改革措施。他创办技工学校的初衷是，让贫苦的孩子受到良好的教育，学会有用的知识，能够在长大后凭借所学技能独立生活。对于决斗、浪费、赌博和隐居，牧师是坚决地予以反对的。

　　对于塞格雷著名的话，他如此复述道："只有心灵病态的人才会痴迷于隐士般的生活。"为了帮助那些贫穷的孩子，他拿出了自己所有的收入。他想永远帮助那些贫苦的孩子们。对真理的热爱和对自由的追求贯穿了他的一生。他在自己80岁时说道："要是人生如同抽奖，那我应该抽到了不错的奖项。"伏尔泰问临死前的牧师："你在想什么？"牧师答道："人生如同一场旅行。"牧师的敌人们忌恨他生前对社会丑恶现象的抨击行为，不准许他的继承人，也就是学院派首领莫伯修致悼词。在他死去的32年后，达隆巴特也不被批准去纪念这位牧师，牧师也没得到该有的荣誉。这就是一个敢于说真话、崇尚真理的牧师的一生。

　　牧师的墓志铭写着："他懂得爱。"

诚实守信，是立足社会的资本

尽职尽责与诚实的品格密不可分。尽职尽责和诚实的品格总是同时出现在一个人身上，这些人说到做到，从不失信于人。在切斯特菲尔勋爵看来，自己之所以能获得成功，是因为他拥有诚实这一最高尚的品格。"诚实比一切都重要"——这是勋爵的名言，人们都牢记于心。对于处于同一时代，最纯洁和高尚的绅士福克兰先生，克拉伦敦是这样评价的，他说："他很诚实，如果说了谎，他就如同偷了东西一样，会变得心神不定。"

对于自己的丈夫，哈金森夫人说道："他要是不想做的事情，就一定不会说出来，他的诚信是值得信赖的。对于那些他无法完成的事情，他绝不会答应下来。对于那些他能力范围内的事情，他一定会说到做到。"

诚实的品格在威灵顿身上也尤为突出。有一次，他患了很严重的耳疾，请来了一位出名的耳科专家，为他进行诊治。这位专家使出浑身解数也没疗效。在最后，专家向他耳内注射了大量苛性钠，威灵顿产生了巨大的疼痛感，可他依旧保持住了镇静的态度。有一天，医生偶然路过公爵家，发现公爵行动不稳，就像喝醉了一样，而且公爵眼里满是血丝，两腮也红肿不堪。这时，医生马上检查了公爵的耳朵，他发现，炎症已经变得更加严重了。要是不控制病情，就会伤害到大脑，最后可能致人死亡。后来虽然把病情控制住了，可是公爵的那只耳朵却无法再听到声音了。

这件事情让专家感到害怕，这都是由于他使用药物剂量过大造成的。所以专家马上赶往公爵家致歉。公爵却很平静，他安然地说道："你不必再说了，你已经做了你该做的事，尽到了自己的职责。"专家担心地说道："要是别人知道公爵为此受了这么大的痛苦，那我就再也不会有病人光顾了，最后，也就只能破产了。"公爵说："这件事，我不会告诉其他人，你可以安心了。"专家说："那你的意思是，我还能像以前那样给你看病吗？你会依旧信任我吗？"公爵带着友好的口气坚定地回答道："这我不会接受，我不会做欺骗自己良心的事。"
他不会说一句假话，同样，他也不会在行动上作假。

言出必行是勇士的行为。在守信这点上，普鲁士陆军元帅
布吕歇尔可以作为典范。1815年6月18日，在崎岖的山路上，
他正率领着大军急速前行，那是为了赶往威灵顿那里对他进行
支援。战机不容错过，可是连续的奔波和路途的难行让他的军
队行进大受影响。布吕歇尔焦急地鼓励着大家，他说道："加
油，快点，孩子们。"士兵们乏力地回答道："我们尽力了，
这是最快的速度了。"布吕歇尔说道："可是孩子们，时间不
等人，任务的确很艰巨，我们必须准时到达。威灵顿还等着我
们的支援，我们决不能背弃承诺。"在他的感召下，士兵们最
终按时完成了任务。

想要在社会上立足必须具备诚实守信的品格。要是没有
这一保障，人心就会变得涣散，并且秩序也会变得混乱。对于
家庭与社会的和睦，虚伪、背叛和谎言都会对其产生不良的
影响。在以前，有人这样问托马斯："你一生都没说过谎话
吗？"托马斯回答道："当然没说过。虚伪的东西是不合理的
存在。人类活动的所有关系的总和组成社会，要想社会能够正

常运行，必须具备诚实守信的基础。"

在所有的恶行中，撒谎是最为卑劣的行径。道德的败坏衍生出谎言。它的周围遍布邪恶，体现出了怯懦，还有心虚。对待撒谎，有些人并不表示愧疚，他们会为了获得利益而撒谎，更可怕的是，他们也会放纵佣人的不诚实行为。所以面对佣人的谎言，主人也没有什么好说的了，这是他们所埋下的恶因。

哈里·沃顿先生举过一个例子：有一位出国执行任务的大使，他以前是个诚实的人，可是他为了国家的利益说了谎。可是对于这位大使的行为，詹姆斯一世很恼火，因此不再重用他了。沃顿先生对诚实推崇有加，他曾经这样写道："他的最好武器就是诚实，他的人生之道，就是规矩做人。"

外交手段、人生策略、权宜的考虑和道德上的质疑等不同的形式都是撒谎的表现途径。在不同的社会阶层也会有不同程度的表现形式。有些谎言欲说又止、表达含糊，这些话让人摸不着头脑，产生错误的判断。这种说话方式就是法国人所说的"围着真理打转"，就是不把实话说出来。

虚伪是无法长久被遮掩的，一言不发或是大发言论都会暴露，内心的虚伪是不会被高明的伪装和狡猾的掩饰而隐藏住的。假意的赞同是虚伪的表现。光说不做是最彻底的虚伪。在必须展露真相的时刻，保持沉默就是虚伪。心口不一也是虚伪。那些两面派不过是在自欺欺人罢了。可能那些骗子，能在一时蒙蔽他人。可是天性虚伪的人永远也不会获得他人的信赖，最终只会得不偿失。

人们会在虚荣心的迷惑下忘却自己的本性，把成就拿出来到处夸耀。有些人会毫无羞耻之心地剽窃他人成果。那些真正诚实的人，不会自吹自擂，四处炫耀。威灵顿在印度取得了辉煌的成绩，这消息传到了临死前的皮特耳边，他说道："他的辉煌成就我经常听到，对于他的诚实和谦虚，我更加钦佩，他不会夸耀自己的功勋，这份荣誉他是当之无愧的。"

人生之路因责任感而变得平稳

所有的人都不能逃避责任这一义务。只有认真履行了自己的职责，才能获得自己的财产和维护自己的声誉。在人的一生里，都应该毅然地完成自己的义务，那义务就是不能被推卸掉的职责。

人生的开始到结束阶段，这段时间都一直被职责所包裹。对于家中的父母，孩子应该对他们尽有职责和义务。与之相同的是，对于子女，父母同样该尽到自己的职责与义务。职责和义务在夫妻和主仆间都不可缺少。身处社会之中的人们相互之间都有各自的职责和义务。

圣保罗说："每个人要以恪尽职守为应尽的义务。要是到了该献礼的时候，那就献礼。在需要提供劳役的时候，那就应该提供劳力。在应该畏惧的时候，那就表示出畏惧。在需要表达尊敬的时刻，就要表达出尊敬之情。人与人之间该互相友爱，对于任何人，都不该予以亏待。每个人的本性都有爱的存在。"

在来到这个世界的时候，人类就该履行自己的义务与职责，而且必须一刻不停地去履行，至死方休。上下级、同事与上帝，这些都是职责和义务需要包括的对象。人类应尽的职责遍布生活的每个角落，对于人类生活来说，义务与职责是与生活不可分割的存在。不论地位高低，每个人都是同样普通的。对于自己的职责，我们该利用上帝赋予的所有能力与手段来履行，这样做不光是为了自己，也是为了他人，这种行为能给他人带来幸福。

人最基本的品德与最高的荣誉，就是具有持久并且优秀的职责观念，这种观念是每个道德高尚的人都会拥有的。人们要是失去了持久的职责观念就会在诱惑面前失去自我，也会在逆境时变得胆怯，退缩不前。最软弱的人在具有持久的职责观念时，在面对逆境之时，也会表现出坚强的一面，毫不退缩，在利益的诱惑下，他们也能够对其加以抗拒。杰克逊夫人说道："整个道德的大厦都是由职责牢牢连接起来的。人们的能力、善良、聪明、自我尊重、正直不屈与对幸福的孜孜以求，它们都需要职责的存在才能得以保留。要是缺少了职责，对于人类的生存结构而言，那将会是毁灭性的打击，最后人们只能在废墟里哭泣了。"

人们的正义感是职责的源头。人类因为自爱而获得了正义感。人类善良与慈爱的根本就是自爱的感情。对于职责来说，它并不属于人的思想感情，它是一个主导生命的原则。人类的所有行为活动里，从开始到结束，这一原则都会存在。人类的自由意志，还有个人的道德良心都会影响到这一原则。

一个人的道德，会在这人履行职责的过程里得到体现。就连那些天赋优秀的人，也会因为失去道德的规范而变得迷茫。人的行为受到道德的指导，要想变得诚实和正直，只能依靠自己的意志。所以人类心灵的道德被良心所统治着，人类的行为端正、思想高尚、信仰正确和生活美妙都是良心的作用，人类高尚和正直的品德也由此得以流传。

只有通过坚强意志的支持，良心才能得以完全体现出作用。人的意志飘忽不定，在是非之间摇摆，那些停留于意识上，没能加以实现的行动终究不会对现实有所影响。要是一个人能果断行事，并且拥有极强的职责观念，他的意志会因良心的支持变得顽强，这会使他奋力向前，不畏困苦地去实现理想，即使是没有成功，他也不会后悔，因为他用尽了自己所有的力量。

海恩泽曼说："可怜的年轻人，加油吧。你周围可能有些人在向人谄媚，由此来获得升迁；有些人在欺骗别人，有些人表现不忠诚，这些人因此短期内变得富有起来，可是，你不能变成道德败坏的人，你要坚持自己的尊严，保持自己的清白。你要保持内心的宁静，不要因为那些靠奉承取得许多成就的人而感到痛苦。为了名利，有些人尊严无存，你要与世俗的压力斗争，不要被坏的环境所侵蚀。只有心无二物、坚持不懈地锻炼自己，才能获得高尚的品格。你要生活在有共同理想的朋友周围。你要靠自己的勤劳工作生活。随着岁月的流逝，你的身上也会刻上岁月的年轮，可是在时光的隧道里，你的品格永远是最耀眼的存在。你可以泰然无悔地接受上帝的召唤，毫无牵挂地离开人世。

品格高尚的人会牺牲自己珍爱的一切来履行职务。这种崇高的献身精神被远古时代的英国人写在了爱情诗句中。"宝贝，我是真心爱你的，这份真爱只对你才有。"

赛多曾留说过："那些品德高尚的人之所以取得胜利，那是因为他们所拥有的道义和气节。他们在生死关头也不会露出卑劣的一面。"在职责与信仰的鼓舞下，圣保罗公开说道："我做好了被抓捕的准备，不仅如此，我还愿意为耶路撒冷而死。"

意大利国王为了让斯帕卡纳侯爵放弃其热爱的西班牙事业对他进行了迫害。侯爵妻子在写给侯爵的信里说："不要因此丧失气节，与巨大的财富相比，高尚的气节更显珍贵。在它面前，显赫的名声与国王的王冠也不过是浮云。亲爱的丈夫，你不会被利益所诱惑，这点我是深信不疑的。你的浩然正气是我最大的光荣。它也将是你留给后人的珍宝。"侯爵夫人有着常人所没有的见识。在她看来，名气与气节相比，后者更加珍贵难得。

斯帕卡纳在妻子的鼓励下泰然处之，最后，他在巴维亚英勇牺牲。在他死后，侯爵夫人还是个美貌的年轻女子，追求者都川流不息地登门拜访，可是对于这些慕名而来的来访者，侯爵夫人不屑一顾。丈夫的浩然正气深藏于她心中，这正气鼓舞着她，也让她无法有地方容纳他人。她愿为了凭吊侯爵独守空房，忍受寂寞，并且她也借此来祭奠侯爵伟大的人格。

我们从生到死都一直与责任为伴。它让我们只做好事，不做坏事。在儿童时期，对孩子们进行培训指导，让他们受到良好的影响，从而能走向行善之路。

走出家庭后，它让我们给予别人以帮助。主仆之间互相都有责任。对邻居、故乡和国家，我们都有责任。对所有人所履行的义务，我们都承担着非常大的责任。一个人要想过上真实的生活，那他就要了解什么是责任，并且在行动里加以运用。

人类社会中的社会权利规定，对于自己的责任，人们应该遵照履行。社会将随着责任感的缺失而走向灭亡。瓦特·司各脱爵士说过："人类一族会随着互助的消失而灭亡。我们之所以能生存下来，全是彼此间互助的功劳，幼儿时期，有母亲帮助包扎孩子的头，有些友善的人，他们为我们驱走死神的疾病。所以对于那些需要帮助的人来说，他们有权向同伴请求帮助，只要是有能力帮助的人，要想问心无愧，这些人都会提供帮助的。"

在我们的最高责任里，尽力去树立一个好榜样就是其中一条。与训导相比，榜样更具说服力，它是男女品格的最好的创造者。高尚的生活是一种最好的宣传，给后人留下的最宝贵的遗产就是崇高的榜样。一个人对子孙幸福最有价值的贡献，那就是作出高贵品格的榜样。

我们的人生之路因为责任感而变得平稳好走。它帮助我们去理解他人，也让我们学会学习和服从命令。我们之所以能走出困境、与诱惑抗争和奋斗不止，那都是因为责任感赋予了我们力量。在它的力量帮助下，我们变得诚实和仁慈，成了真实的人。我们可以由所有的经验得到这样的结论：我们是懂得自我塑造的人。我们抗拒恶行的冲动，努力地向着善行而去，这样我们终究会成为行善之人。这一奋斗会在不断的坚持下变得容易。有付出就有回报，一切结果都是你努力之后的收获。

勇敢的人会因职责而有力量

　　勇敢者不能缺少职责观，这是支持他的强大力量。在它的帮助下，勇敢者更加坚强和挺立。面对前所未有的暴风雨，庞培果断决定带领大家乘船直向罗马而去。有位朋友劝他不要去，这样大的风暴太过危险，是会让人丧命的。可庞培面对朋友的规劝与暴风雨，他说道："我不能只担心自己的性命，我必须即刻启程。"哪怕面对艰难险阻，只要庞培认为那件事是对的，他就会毫不畏惧。他说道："狂风暴雨和生命的安危又怎能阻止意志和勇气？"

　　"坚守职责"是威灵顿的座右铭。对于自己的职责，他极度负责地履行着。为了坚守自己的事业，威灵顿公爵不仅失去了名誉，也为此遭受了各种磨难。在伦敦的大街上，他曾被一群人围攻，暴民们把他家的窗户砸碎了，那时他夫人才刚死不久，尸体还放在屋里。他在以前这样说过："人在一生中追求的就是履行职责，这也是我们唯一的精神寄托。"这样心甘情愿地履守职责的人，除了他，很难找到了。要想让别人遵守职责，首先必须确保自己能够坚持履行职责。艾希·迪安明智地说过："要是我自己能够遵守职责，那些旁观者们，也会自愿地去履行职责。"

有一位军官因为自己的军衔过低而觉得不光彩，他认为，自己的功绩要比军衔高。这件事被公爵知道了，他说道："我在军队的日子里，有过降级的时候，由旅长被降为团长，更低的还做过小分队的指挥官，可是我认为任何的任命都是光荣的。"

在葡萄牙，威灵顿指挥盟军进行着战斗，他认为在战时，本国人的生活行为是不合时宜的，这在他眼中就是没有履行职责的表现。威灵顿说："我们满怀热情。到处都是万岁的欢呼声。庆祝宴会哪都能看到，处处洋溢着欢庆的气氛。可是这时我们最需要的是每个人对职责的严格遵守，每个国家的人都该服从法律的权威。"

威灵顿性格中的重要之处，就是对责任永不放弃。在他心中，职责是最高的存在，对于公共事务，他表现得更加关心。他的部下也受了他的影响，士兵也与他一样关心公务，并且忠于自己的义务。在滑铁卢战役中，有一次，威灵顿骑着马，来到步兵训练场，他对一位士兵说道："年轻人，站好！你认为，英国人会怎样看我们？"士兵马上答道："没有什么害怕的，长官，对于我们神圣的职责，我是了解的。"

对于恪尽职守的思想，纳尔逊把其看得比一切都重要，他在为祖国服役的时间里，一直坚持着这种思想。他有一句名言说道："对于英国来说，它希望每个公民都能恪尽职守。"这句名言是他在特拉法尔加海行动时对全体官兵说的。他的诺言用自己的行动实现了。在临死前，他说道："我已经尽我所能，感谢上帝吧。"

科灵伍德有着质朴的心，而且是个勇敢的人，他是纳尔逊的朋友。在海战中，他所乘的战舰被击中，他在船即将沉没时对舰长说道："在英国，我们的妻儿也在这一时刻走向教堂。"科灵伍德是个热情的人，他满怀献身精神。对那些刚入海的新手海员，他总会这样说："对于自己的职责，要付出你所有的精力去完成。"他用这话对大家进行鼓励。

对一位见习船员，他说过一些高尚并且有理的见解。他说："你所能依靠的只有你自己。自己的努力才能让人进步，才能让你获得内心的安宁。对待自己的工作，我们要怀着精益求精和细心的态度。对任何人都要表现出合理的行为。要牢记'谦虚使人受益，骄傲让人受害'。对业务和职责尽心尽力，对他人表现友善，平等待人，这样不仅大家会尊重你，领导也会对你表示重视。"

恪尽职守是大不列颠民族的显著特点。在特拉法尔加海角时，纳尔逊对于马上就要打响的战役提出了口号，他说的不是为了荣誉、胜利或是正义、祖国这些口号，他是以职责为口号鼓励大家。

在非洲海岸，"伯克哈德"号触礁了，船在慢慢下沉，船员们把妇女、儿童送上了救生船，在这之后，船员们向天空开枪致意，接着，随着巨轮一起沉入了海底。在希莱顿市，一个叫罗伯逊的人说道："英国人最尊贵的品德包括仁慈、职责和牺牲。她心中满是正义和道义，怀着永不退缩的信心。她没有任何修饰，外表并无优雅之处。对于歌曲的美妙程度，她也难以区分。可是上帝给了她宝贵的财富。她懂得教育孩子，她指导孩子与风浪斗争，她教孩子在面对鲨鱼袭击时该如何做，她的儿子从那里学到了生存的本领，可是，她并没有因此而表现出得意的神情。在她看来，这是她的责任。对演员，她不会表示出崇敬之情，在她眼里，那些真正的英雄是与演员不同的。"

认真负责的威尔逊

在恪尽职守、诚实守信和努力工作的人中，乔治·威尔逊显得尤为突出。在爱丁堡大学，威尔逊担任技术教授时，表现极为出色、尽职尽责、热情工作、勤劳，并且积极乐观。

威尔逊的人生充满磨难，可他表现得积极乐观，勤奋努力，并且对于困难展示出无畏的勇气。小时候的威尔逊活泼好动，聪明有加，可却是个体弱多病的孩子。他在17岁就得上了忧郁症和失眠症，在他看来，这是暴躁脾气带来的恶果。他对一位朋友说道："我不会活太久，我感到身心俱疲，身体就要撑不住了。"这话出自一个年轻人之口，是多么让人痛心啊。他虽然对身体的养护不上心，可是在学习上，却表现得很刻苦，因为参加了各种竞赛，所以让大脑变得过于疲惫。这时，他的身体是无法承受高强度的体育锻炼的。他最后只能放弃让他疲惫不堪的高原行走，选择从事脑力工作。一位捕鲸队长如此对威尔逊博士说道："上帝会祝福你的，一切都能被你的伟大精神力量战胜。"

在一次斯特林附近的步行强化训练里，威尔逊的腿受伤了，他永远地失去了右腿。可是威尔逊依旧教学、演讲、热情不减地努力工作着。后来，他患上了风湿病。而且很严重，双眼通红、浮肿，医生要他在酷热的环境下治疗，吃秋水仙的种子用以散寒，可他觉得，这是难以忍受的。

他无法写作，所以只能尽力为演讲作准备，他会经常在妹妹面前演讲，以此来练习。他被无休止的痛苦折磨得一天都无法安宁，可是肺部的毛病更加重了他的负担。面对病魔，威尔逊没有屈服，虽然要付出巨大的精力，他依旧坚持在每周去爱丁堡大学，在那里为学生们演讲，从没有缺过一次课。每次演讲回来，他都要忍受无法入睡的夜晚的折磨。

在27岁时，威尔逊每周会把十几个小时花在演讲上，在他身上，能够清楚地看到水疱的伤口。这些水疱被他戏称为"知心的朋友"。他已经感受到自己将不久于人世，在给朋友的一封信中，他写道："不要觉得意外，我会在某天早上静悄悄地离开这个世界。"在他的话语里感受不到任何一点哀伤和痛苦。他一如既往地工作着，散发出无穷的活力。他说道："只有时刻考虑死亡的人，才会活得更加精彩出色。"

在自己肺部缺血、身体衰弱的情况下，威尔逊被迫停止了工作。可是只经过一周的调养，他马上就继续工作起来。他开着玩笑，对人说道："水又从井里冒出来了。"他依旧坚持演讲，即便他的肺病已经很严重，咳嗽会让他疼痛难当，他也依旧不会放弃。他有次因为脚伤摔倒了，可是在他爬起时又不幸把肩膀弄骨折了。面对接连不断的打击，威尔逊没有逃避，他在挫折的磨砺下变得更加坚强。他奇迹般地从这些疾病和痛苦的磨难中重新站了起来。面对狂风暴雨，芦苇被压弯了腰，可是它在暴雨过后又再次坚强地挺直了腰杆。

他此时不再被病痛折磨，也没了烦恼与忧愁。他全身都被愉悦、耐心和毅力所包裹。威尔逊在历经磨难后变得心态平和，每天的工作充满了精神。他的经历让人们为之鼓舞。可是只有他自己才明白时日无多了，他不愿朋友和家人为自己的病情而难过，他所担心的事只是如何向亲人隐瞒自己的病情。他说道："陌生人让我没有压力，我的时间不多了，可能就是几天内的事吧。"

他依旧如故地给建筑学院和美术学院的学生上课。一天，他来到美术学院上课，课刚结束，他躺下来休息一下，血管在突然间破裂了，他因此而惊醒了。他破裂的血管大量地出着血，他明白自己的死期就要到了。可是，他如平时一样，安然地走上讲台，用惊人的毅力支撑自己上完了两堂课，完成了自己应尽的责任。他因为过度劳累，导致二次出血。在每次大出血后，他都要面对无限的绝望，还有无穷的悲凉。他努力让自己恢复冷静，坦然接受死神的召唤。他在这一次大出血后变得极度衰弱，可是头脑很清醒。他明白，在这个夜晚，他就要离开这可爱的世界了。可是奇迹出现了，他坚强地活了下来。他在这之后还担任了重要的公共职务，他成了苏格兰工业博物馆的馆长。他也因此要付出比上课辛苦百倍的劳动。

威尔逊也在这以后，把自己剩下的精力都花在了这个他称其为"可爱的博物馆"上。他收集了各类模型和标本。在业余时间，他去了贫民儿童免费学校、贫民儿童教堂和医学界传教协会，在那里他给孩子们上课和演讲。他一刻也没让自己的身体与精神休息。他的人生目标就是——工作到人生的最后一刻。他有着永不放弃的精神，可是他的身体终于负担不起这个重任了。他的肺部，还有胃再一次大出血，为此，他只好停下来养病。他写道："我这样过了大约四十天，这段斋戒的时光，真是令人感觉恐怖啊！阿拉伯半岛过来的寒风让温度骤降，寒气袭人。我是被囚禁在寒冷中的囚徒。肺里好像生了一根冰柱，这让我一会冷，一会热。我现在连咳嗽的力量也快失去了，每次咳嗽之后，都会吐血。我的脸像纸一样白，身体没有温度，如同冰块一样冷。现在我得准备做最后一次演讲了，我再次活了过来，我要对上帝表示感谢。明天，我将会给艺术系的学生上最后一节课，我也会在那里完成自己的使命。"

"我还有多少时间？"这是威尔逊想的问题。"我的精力已经枯竭了吧！"在很长一段时间里，他没有精神，全身无力，已经无法再进行工作了。他现在连写一封信也会觉得困难，他认为自己现在除了躺着睡觉，其他什么事情都做不了。不久后，他为周日学校写了演讲稿，题目是《论知识入门和五种方法》，他最后将演讲稿扩写成了一本书，为此，他付出了常人难以付出的精力。在他身体恢复了一点后，他再次走上讲台，为学生们讲课，还参与了其他的工作。在给兄弟的信中，他写道："我在别人看来可能显得不太正常，我曾草率地说，我会给哲学系的学生作演讲，是关于光的偏振问题的。可是这次演讲的承诺我没有履行。可是我非常想完成这个承诺，这是我的家庭传统所要求的，它认为我该这么做。"

病痛的折磨让威尔逊无法安睡，他不停地忍受着痛苦的缠绕，他不停地咳嗽、吐血，他的身体也因此变得更加虚弱，他也由此而变得心神不定。他说："我只有在演讲的时候才不会感到痛苦。"在这种被疾病弄得身心俱疲的状态下，他依然表现出了惊人的毅力，他开始写《爱德华·福布斯的一生》。他这次写作也如平常一样认真。每天，他依旧进行着演讲，继续上着课。在生命的最后日子里，他去了教师协会，在那里作了一个关于技术科学教育价值的演讲。他在台上讲了一个小时，接着问底下的听众："是否还要继续？"听众对他的演讲报以热烈的掌声，请求他再讲半个小时。他写道："对于我会在听众面前精神饱满这点，我自己也觉得很吃惊。我好像在手中握有能够随意塑造的黏土一样，这样巨大的力量，的确是责任心赋予的。

"我的初衷不是为了获得听众的表扬，可是我会尽力让听众满意。让听众失望，这是我不愿看到的事情。高高在上的称赞和名誉，这不是我追求的东西，我会毫不松懈地努力去做，不让听众失望，这就是我希望做到的事。在我看来，责任重于泰山，它是我心中最崇高的存在。"

上面的话，是在他死前四个月写的。他在后来补充说道："我的生命已经无法用年加以计算了，现在只能用星期加以标注。"他的咳嗽不停，而且时常带着血，他也因此疼得难受，精力也在一天天消散，可是即便这样，他依旧没有放弃演讲。朋友建议他找人来照顾一下他，威尔逊在得知这一建议后，不禁笑了起来，在他看来，工作是与生命紧密相连的，自己怎么会要人来照顾呢？

在1859年，有一天，威尔逊在爱丁堡大学演讲完，他正打算回家，这时他的胸部发出一阵难以承受的痛苦，这时的他，已经失去了上楼的力量。医生马上对他进行了检查，结果是，他的肺部和胸膜发炎。面对这严重疾病的侵蚀，他的孱弱的身体再也无力抵抗，他最终安静地倒了下来。在临终前，威尔逊写道："泪水不会与死亡相伴，明天，太阳依旧会升起，被痛苦缠绕的一生，终将获得解脱了。"

《乔治·威尔逊的一生》是威尔逊妹妹倾注了感情的作品。书中满是深情的话语。威尔逊遭受的长期病痛的折磨，在这本书里得到了详细的描写，它向人们展示了一位勇士，一位不屈不挠地与病魔斗争的勇士。这位勇士不仅有非凡的意志力，还有让人敬佩的责任感，成千上万的人被勇士的精神所鼓舞。这样的作品在世界文学史上也是少见的。威尔逊先生的生平与他的好友约翰·雷德博士非常相似，他们都与病魔进行了艰苦卓绝的斗争，也借此树立起自己生命的丰碑。

在约翰·雷德的回忆录里，威尔逊写了这样一段话："你的勇敢、乐观和诚实的精神鼓励着我，我会以你为榜样。我们会因为你的存在而感到自豪。你带着我们无尽的思念离开了。世人会对你的谦恭忠厚表达出发自内心的敬佩。你能承受一般人所不能忍受的痛苦，你的意志像铁一样坚硬。你的一生平和，并且安详，可是却太过匆忙。"

尽职尽责的华盛顿

华盛顿之所以伟大，就是因为他那尽职尽责的精神让人感动。他坚定的性格和不屈的品格就是由庄严的使命感铸就的。华盛顿在明确自己的责任后，义无反顾地投身到了上帝赋予的使命之中，最后完成了这个崇高的任务。他认为自己的付出是应该的，是为了正义的事业，他不是为了荣誉和奖励，他是自愿地奋斗到最后。

谦逊是华盛顿具有的美德。他再三推辞了人们推举他当爱国军队最高统帅的职务，最终在难以拒绝之时才同意担任。整个国家与民族的前途命运都要由他掌控，对于这重要的职务，华盛顿没有表现出一点骄傲。他懂得不能辜负人民的信赖，这份职责是重要的。华盛顿说："我会把它牢记在心。我不会让名誉受到任何不幸事情的影响。在今天，我向大家郑重地宣布，我认为，我的能力还不能很好地适应这个统帅的职务，我还有点不够资格。"

华盛顿在给妻子的信中说到了他被任命为陆军统帅的事情。他说道："对于这副重担，我实在不想接受，其中有我想留在家中的原因，可是，最重要的一点是，我觉得我的能力不足以应付这个重大的责任。我情愿和你们待在一起享受生活。可是命运对我进行了安排，我也被使命所召唤，为了正义的事业，我甘愿献身。我要是拒绝接受这份任命，就会让朋友失望和痛苦，也会失去了自己的荣誉。但是我接受后，我就不能守候在你的身边了，对于这点，让我难过并且不安，我在你心中的地位，会因此而下降吗？"

华盛顿先是成了陆军总司令，接着，他又当选了美国的总统，他的毕生精力都用在了正义的事业上。他无论担任何种职务都会严格履行职责，为之辛苦也不会抱怨。他也因为事业而受到危险的威胁。在一次会议上，当谈到是否批准杰伊先生和英国的条约时，大家进行了激烈的争执，在大多数人看来，华盛顿不该签这个条约。可是华盛顿没有听从大多数人的意见，他为了个人的道义，还有国家的荣誉，选择签署了这个条约。

所以他为此成为人们怒火的发泄对象，他甚至遭到人们丢来的石块袭击。可是华盛顿还是坚守了自己的职责，签订了这个条约。即便受到多方阻挠，这个条约终究被顺利地执行了。面对那些抗议者，华盛顿说道："我不顾大家的反对，固执地签署了这个条约，这是出于对祖国的忠诚，也是我内心的道德规章的指示。"

要是你遭到了苦恼与失望的困扰，由此变得心情糟糕，从而让自己难以与同事相处，并且做不好本职工作，那么一定是你在工作上不求进步的表现，是由马虎和骄傲的态度造成的。一定要小心地避免这种情况的出现。出现这种不幸的情况，只会让亲者痛仇者快，对你来说，这是没有任何好处的。你如果不断地朝着更高的目标而去，即便不能如愿，也会让精神变得更加强大，变得不可被战胜。具有一个合乎实际需求的最高标准是必需的，要淡定地面对一切，不要把目标停留在职位的升迁上。那些有头脑的上司会优先重用和提拔你的。

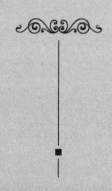

愿你不改初心，不忘梦想

愿你遵从初心的召唤，永远知道自己想要的是什么，

永远用最纯粹的心去要求自己，不要放弃曾经的梦想。

自律，成就更好的自己

自律对一个人加强自我修养、提升素质有很大帮助。我们发现有两种人尤其需要自律。

首先，那些具有强硬的性情的人需要自律。他们的性情可能不会必然产生恶果，可是这性情需要自律和自我控制来加以约束。约翰逊博士说："在长大的过程中，人随着经验的增加，在不断的进步中日趋成熟，他们性格的广度和深度决定了他们的成长。对待错误的态度会比错误本身更容易让人堕落。那些聪明人不会再犯同样的错误，他们懂得吸取教训。可是有些人从错误里找不到经验，会更加痛苦地走向变得狭小的人生之路，最后等待他们的，就只有堕落的深渊。"

那些强硬的性格，往往是年轻人不成熟的体现。这种热情，能通过正确的引导应用在有益的事情上。在美国，有位叫斯蒂芬·杰拉德的法国人获得了辉煌成就。他这样说道："对于那些脾气大的员工，我认为他们很有能力，我会雇佣他们，让他们单独拥有一间办公室，我了解这些人，只要是不为争吵消耗掉热情，不给他们与人争执的机会，他们对待工作一定会是充满热情的。"

带有强烈而易于激动的热情就是性情强硬的体现。它会在没有控制的情况下不断爆发。可是，这种热情要是能够控制得当，它就能像蒸汽机里的蒸气一样成为一种有利的能量。坚强的性格是许多伟大人物共有的性格，在他们严格的调控下，这成了他们的力量，成了拥有坚决品行的动力。

声名显赫的尼尔·斯特拉福德控制不了自己的情绪，他经常发怒。他也因此不停地努力与自己抗争。他有位比他年长的朋友，叫斯克利特·库克，那位朋友给了他一些建议。尼尔为此说："你教了我一堂精彩的关于如何忍耐的课。我的确是容易发怒，可是我自信这易怒的脾气会在人生的历练下得到改变，我要是想征服这暴躁的脾气，就必须及时地反省自己。我一直认为人们知道我的激情是为了荣誉与正义，应该会理解我火躁的脾气。对那些无缘由的愤怒和滥用的激情，要给予谴责，因为那些是不好的坏习惯。它让情绪失常，到处侵害他人。"对于尼尔的不足之处，库克总会指出来，他还提醒尼尔："你要学会如何控制自己暴躁的脾气。"

年轻的克伦威尔是个活力十足的小伙子，他容易冲动，倔强而好怒。他的活力表现在调皮的性格和喜欢恶作剧上。当地人都知道这个年轻人喜欢惹是生非，他看上去马上就要变成个坏人了。可严格的宗教在这时抑制了他倔强的性格，他在加尔文派基督教严格的纪律面前学会了遵从。在这时，他的活力与激情有了前进的方向，他在公共生活中投入了他全部的青春激情。在二十年后，他成了英国家喻户晓的伟大人物。

那些有着坚强决心的拿骚王朝首领们都有着这种自我控制能力。平时表现沉默的威廉会在辩论时表现出色，能言善辩，妙语连珠。对于听众，他拥有强大的影响力。他的沉默不言不是因为胆怯，那是由于他怕自己的意见伤害到国家的自由，他会把自己的意见保留而不对他人说。在他的敌人看来，他的温和与大度是卑怯和软弱的表现。可是，他会在机遇面前变得勇猛难挡，有着不可战胜的决心。莫特利先生，这位荷兰历史学家说道："他就像面对汹涌波涛大海中岿然不动的一块巨石，他的坚定性格就是这种体现。"

在莫特利先生看来，华盛顿和威廉有着一些相似的地方。华盛顿庄严、勇敢、优秀和高洁，历史上也是声名远扬，在这位爱国者身上也有着一样的优点。华盛顿有着在危难时刻表现出的强大情感控制能力。在那些不了解他的人看来，他生来就是如此镇定，如此平和。

可是，华盛顿的性格其实是很急躁的。他的温文尔雅、有礼节的行为和为他人考虑的想法，都是他严格自律和自我控制造就的。

这种自我控制训练在他小时候就开始了。对于华盛顿，他的传记作家如此写道："他是个满身洋溢着激情，性格爽朗的人。在面对诱惑或是激动人心的场合，他能够抵御诱惑和控制激情，这都是他坚持不懈地坚持自我控制所产生的作用。"

与拿破仑脾气相似的还有威灵顿公爵，他也是个火爆脾气，可是他的自我控制帮他驯服了这易于发怒的脾气。他在危险的处境下，沉着冷静，毫不惊慌，表现得如同每一位首领一样安定。不管是在滑铁卢，或是在其他地方，只要是最为关键的时刻里，他都能镇定如常地发布命令，语调听起来甚至会比平常还要柔和。

在童年时代，诗人沃兹沃斯是一个倔强、情绪多变、脾气火爆的孩子。他只认同自己的想法，对任何惩罚都不害怕，也不会表现出一点改过的想法。他的性情在生活的磨炼里得到了的锻炼，他也因此慢慢开始学会如何控制自己的性情。在以后的岁月中，他依靠童年时代的特殊品质坦然漠视敌人的攻击。自尊、自主和自觉是他一生当中最杰出的品格。

亨利·马丁的事迹也是一个好例子。他能够很好控制不成熟的激情。他在童年时是个任性和易怒的孩子，他缺少对别人的宽容。可是，他在与这种自以为是和太过倔强的性格抗争中，最终慢慢学会了自我控制，拥有克服火爆脾气的力量，他也获得了忍耐这一让他非常渴望得到的品格。

其次，那些欲望太旺盛的人需要自律。对于欲望这个暴君，自律、自尊和自控是最为有效的抵御手段。对于那些沉迷于感官享乐、醉心于声色犬马中的人来说，改革体制、扩大选民的权利、改革政府组织和加强学校教育是毫无作用的。追求低级趣味的人难于获得真正的幸福。那些低级趣味会损毁人们的道德与热情，个人与民族的气节都会被它侵蚀。

要是人们被一位暴君强迫去做过多的消费，要他们把三分之一或更多的财产用于购买使他们堕落的商品，最终的结果就是，过早的死去、疾病的侵袭或是家庭破裂。人们也会因此去进行愤怒而可怕的游行。

不幸的是生活中存在着一位这样的暴君，人们无法控制它并且毫不反抗地做着他的奴隶，这位暴君名叫欲望。

学会自我克制

一个人的勇气能在自我克制中得到体现。自我克制可以说是优秀品格的精髓。莎士比亚说过："人类能够为尚未发生的事情做好准备，这也是因为人类有着自我克制这一美德。"与其他动物相比，一个真正意义上的人是必须具有自我控制能力的。

一切美德都来自于自我控制。一个被冲动和激情支配的人也将失去全部道德自由。他会随波逐流，成为强烈欲望的奴仆。

人类之所以优于动物靠的是良好的道德自由。自我控制帮人类控制本能的冲动。物质生活和道德生活也是靠着自我控制区分开来。品格的主要基础也是这种自我控制能力。

那些能够控制自己思想和言行的人才是坚强的。你要想成为一个圣洁的、有道德的、能够自我节制的人，就要时刻注意自己的言行和保持纯洁的心灵。

习惯有时决定着一个人的品格。在不同意志力的控制下，习惯可能成为仁慈的主人或是一个可怕的暴君。也就是说我们可能是快乐的臣民，抑或是充满奴性的奴仆。习惯可以让我们走向成功或是毁灭。

严格的训练才能培养出良好的习惯。人们可能会觉得难以置信，可是系统的培训的确可以形成许多习惯。流氓无赖和没见过世面的乡村青年，这些看上去没有明天的人，他们也能在严格训练后成为坚强勇敢、乐于牺牲的人。

只有训练有素的人才会在战场或是如莎拉·桑驰号起火的危难时刻显示出真正的勇敢，他们在那时能够冷静判断，表现出英雄般的气质。

性格的形成受到道德训练的重要影响。正常的生活秩序会因为缺少道德约束而变得混乱。正常的生活秩序要靠培育自尊意识，进行服从的教育和增强责任感来维持。那些遵法守纪的人一定都是能够自力更生和自我控制的人。道德品质会因他的良好道德训练而变得高尚。克制自己的欲望才能让道德变得高尚。要想不被嗜好所支配或是失去理智，就必须坚守良心和道德的法则。

郝伯特·斯宾塞说："那些有理想的人类追求的伟大目标就是——严格的自我控制。他们不会受到欲望的左右，也不会被冲动掌控。他们会在深思熟虑后行动。道德教育的最终目的就是这样。"

家庭是进行道德教育的最佳地点。学校的作用较为弱一点，社会这个实际生活的大学校作用比学校还要小。道德教育会按阶段进行。一个人过去的道德教育影响着他现在的道德状况。一个缺少严格训练和良好家庭教育与学校教育的人，不但难以获得幸福，甚至还会给社会带来灾祸。

完善的道德教育训练是家庭必备的。这种让人难以感觉到的道德训练无处不在。社会的秩序、安全和正义由道德与法律的力量共同维护。

品格的基础是靠道德教育形成的。可是道德教育要融入生活就必须形成习惯。

有这样一件事记载在西摩本尼克夫人的回忆录里，这个故事说明了严格的家庭教育是非常重要的。故事说道，有位夫人同丈夫游历了英国和欧洲大陆，他们在这些地方参观过许多精神病院。在观察了许多病人后，这位女士认为，大多数精神病人与孩子很相似，就像没长大一样。他们在童年的时候，愿望都往往被轻易地满足了。这种情况很少会出现在受到良好自我约束训练的大家庭里。

道德品质的形成在很大程度上受到家庭、性格、健康和早期道德训练的影响。伙伴们也对道德品德产生影响。可是对道德品德起决定性作用的还是个人的自我调节和克制。对于嗜好和习惯，一位优秀教师如此评价道："它们对幸福的影响很大，可是它们可以像语言一样教授给人。"

约翰逊博士也为自己忧郁的气质而苦恼，这是由于不幸的童年生活造成的。他说道："一个人性格的好坏在很大程度上是由个人的意志决定的。"

我们能够养成容忍和满足的习惯，同样也会养成喜欢抱怨和贪得无厌的习惯。对于一些幸福，我们可能看得很不重要，可是对于一些不良行为，我们却夸张地进行描述。

我们会因此受到细微苦难的摆布而使气质变成病态，可是我们也有机会不受影响，保持开朗的气质。要是我们能够充满希望、乐观向上地看待事物，那我们就能如同受到良好习惯影响般健康地成长。

约翰逊博士认为："要是人们都能够去关注事情好的一面，就会获得一笔不断增加的巨额财富。"

提高自己的最快方法

要想提高自己，我们建议年轻人要与高尚的人为伴。对此，弗朗西斯·郝纳深有体会，他在谈到自己与那些学识丰富和道德高尚的人相处后获得优势时，他是这样说的："我自己都无法判断：我的学识是在书本里得到的？还是从他们的影响中受到的启发？"在雪尔泊年轻的时候（他就是后来的兰斯唐侯爵），他去拜访了马尔沙伯，对这件事他说："以我的经验来说，人与人之间的交往是最能够影响一个人的。我的灵魂是马尔沙伯唤醒的，他的影响让我取得了今天的成就，没有他，也就不会有现在的我。"对于古内一家的榜样力量对其他年轻人的影响，佛威尔·布克斯顿是这样说的："我的人生因为他们的影响而变得更加精彩。我在柏林大学的成就该归功于古内一家，在与他们的交往中我得到了提高。"

人们会在与平庸人的交往中受到其自私品格的影响。由此，人们会对生活失去兴趣，变得保守、封闭。这是不利的影响，它会对我们的开阔胸襟和勇敢品格带来伤害。它会让人变得没有勇气、故步自封，成为一个没有上进心的无能之辈。这种人是不会获得什么成就的。

人们要是与那些有丰富知识和阅历的杰出人物交往就会受到好的影响，这会让人被榜样的力量所影响，变得像那些人一样具有开阔的视野。我们会与榜样同行。在榜样那里获取的人生经验会使我们深受启迪。与强大为伍可以获得力量。人们的品格形成会在与成熟的人的交往中得到良好的促进。与他们交往会提高我们的能力，从而面对事情也会变得更加成熟。这样的举动对双方都是有利的。

对于一个年轻人来说，朋友的建议、批评与帮助会影响到他的一生，可能是他一生重要的转折点。这点能够在传教士亨利·马丁身上得到证明。马丁的一个朋友在他念中学时给了他很大影响。马丁在中学时还是个神经质且身体羸弱的男孩。他为人孤僻，不喜欢运动，也对学校的活动抱以冷淡的态度。有些年龄大的孩子老是拿他这个容易冲动的孩子取乐。可是，有一个孩子不这样做，他总是挺身而出保护马丁，这个比马丁大的孩子最终成了马丁真正的朋友。他不仅帮马丁赶跑那些坏孩子，还辅导马丁的学习。马丁的父亲还是希望天赋不够好的他接受大学教育。让他父亲失望的是，马丁并没有进入牛津大学。马丁没有放弃，在中学继续学了两年，之后进入了剑桥的圣约翰学院。在这里他与中学时的好朋友重逢了。他们之间的友谊也在互相的交往中变得更加深厚。这位朋友最后还成了马丁的指导老师。马丁的脾气并没有因为学习的进步得到改善。他的这位指导老师却是与他有着相反性格的一个人。他是个成熟稳重的人。这位好朋友总是不厌其烦地劝导马丁收敛他那冲动的性格。他这样告诫马丁："要记住，你的行为是为了上帝的荣耀，这不是为别人而做的。"马丁在这位良师益友的帮助下学业大有进展。他在第二年圣诞节的考试里取得了年级第一的好成绩。可是后人并不记得他的这位朋友，因为这位好伙伴没有他那样的伟大成就。可是他的生活影响到了马丁，他的崇高理想造就了马丁良好的品格。在他的熏陶之下，马丁具有了远大的抱负。这也是他走向成功的基础。不久以后，马丁就去了印度，他在那里成为一名传教士。

　　在佩利博士的大学生活里，据说也有着类似的故事。佩利在剑桥神学院读书时就是一个以聪明著称的人，他因此深受大家爱戴。可是对他的过去大家并不了解，他以前也是一个愚钝的人，这份愚钝让他苦恼，也让他受尽了同学们的嘲弄。他是个有着良好天赋的孩子，可是他的懒惰让他终日无所作为，还沾染上了浪费的坏习惯。大学前两年他什么成就也没获得。他的一个朋友在他游荡一夜回来时训斥他："你太不明白事理了！佩利，我为了你一晚上都没睡。要是与你比较，我应该有更多时间可以浪费。你的资本不多，你不该这样虚度光阴。我也想过这样的生活，可是我约束了自己，没有像你那样放纵自己。对于你现在这样的愚行，我是心绪难宁，晚上都睡不好觉。我以我们的友谊提醒你，要是你不思悔过，我就只有结束这段让我耻辱的朋友关系。"佩利被朋友的话语给打动了。他从此改头换面，重新安排了生活计划并一条条地坚持执行。他的勤奋刻苦最终让他独占鳌头，成了年末考试里最棒的一个人。在此以后，他依然毫不松懈对自己的要求，在写作和宗教方面获得了令人瞩目的成果。

　　好的影响，人们可以在与品行高尚者的交往中获得。这些他人的礼物会伴随我们一生。就好像人在花丛中，衣染百花香一样。约翰·斯特灵接触过的人，都会感谢他的言行对自己产生的良好影响。那些道德高尚的人都认为自己获益于第一次良好的启蒙教育。在他那里，这些人看到了自己前进的方向，了解了现在的自己，从而向着将来的目标努力前行。

特伦奇先生说："我们在与约翰的接触中发现，自己与他相比是多么的微小。由此我们会向他学习以使自己也变得同样高尚。人们会在离开他时觉得自己的目标和理想变得比以前高尚了不少。"一个道德高尚的人就是拥有如此的影响力，他能让别人不经意间被同化。人们会与他一样，具有相同的眼光和相同的思维方式。意识就是这样相互影响着人，它拥有着难以抵御的伟大力量。

与伟大的人相交的普通人会觉得自己品位也提高了，而且比以往高了不少。韩德尔最先发掘了海顿的天赋。海顿在听到韩德尔的演奏时，他的灵感涌现了出来，突然间有了谱曲的热情，这是他不曾预料到的——他也能进行音乐的创作？海顿是这样说韩德尔的，他说："他心血的结晶就是他谱曲里的每个音符。他的决定都会产生热烈的反应。"韩德尔还有一个意大利的狂热崇拜者。他叫斯卡拉蒂，对于自己这位伟大的老师他一直满怀崇敬之情。一个能够看到他人伟大之处的艺术家才是真正的艺术家。对于芝诺比欧，贝多芬总是怀有肃穆的仰慕之情。对于舒伯特他也是礼赞有加，他这样表扬舒伯特的才华："我能在他的作品里看到一种活力，一种圣洁的生命光辉。"约书亚·雷诺是诺次科特年轻时就开始尊敬的榜样。一次在德文郡郊外，举行了一场公共集会，伟大的画家约书亚·雷诺也应邀参加了，诺次科特拼命地穿过人流挤到了离自己偶像最近的地方。诺次科特是这样回忆自己那时的心情的："那一刻，我欣喜无比，期待得到了满足。"

提高自己的最快方法就是：接近榜样并向他们学习。

做真实的自己

柏拉图说："真实会让人们生活愉快，人们也不会在以后为自己的行为悔恨。"马格斯·阿利流斯说过："那些品行不良者，他们就是对神不尊敬的人。那些有理性的动物在大自然的作用下互相帮助，不会伤害到对方。在神的面前，那些违背良心的人是无法掩饰其罪过的。神也会认为说谎者是有罪的。自然是无所不包的，在自然里一切存在都是密不可分的。"

真实就是那个无所不包的自然。它是最先推动实际存在事物发展的力量。所以故意说谎的人，是有着亵渎神灵的罪过的。他的欺骗之举是错误的行为。可是那些在无意间说谎的人，他们也是犯有不敬神的罪过，他们的行为是有悖自然的，扰乱了世界的秩序。那些追求享乐的人，那些逃避痛苦的人，都是对神不敬的。

正直与真实有着不一样的表现形式。拥有它们的人处事公正合理。拥有它们的生意人不会欺骗别人，是诚实可靠的合作伙伴。正直是真实的表现，它也是真实最坦诚最谦虚的证明形式。诚信交易，不推诿责任是每个人品格里不可或缺的优秀品质。

让我们用个简单的事例加以说明。在一个小饭馆里，塞姆·福特抱怨他点的啤酒不足量，他对店主说道："先生，这啤酒你一个月能卖出去几桶？"店主答道："先生，能卖十桶。"福特说道："你想再多卖一桶吗？"店主说："先生，我当然想。"福特接着说道："我教你个好办法，你只要不再缺斤少两就够了！"

这个故事还能说明一些其他的问题。对于那些缺斤少两和掺假的问题，我们总是有着许多抱怨的。我们拿到手的往往不是我们要买的东西。商品能卖出去才有可能获利。可是卖主总在顾客离开时才发现这点。在许多年前，M.李·皮雷对英国进行了访问，在他看来，英国人的商业道德是值得让人为之称道的。他说："他们的样品和卖到国外的货物是分毫不差的。"

在曼城、伦敦和其他的北方城市，美国的棉制品都很有赚头。尽管孟买的纱线比你英国的贵，可是，他们的棉品在中国和澳大利亚依然有市场。现在，曼城棉布的所有产量已经变得与后起之秀印度本地棉布产量一样了。这个事实是令人难以置信的。我们加紧提高工人的技术水平，可是这些远不能解决欺骗带来的恶果。一个中年妇女作为客户买到了缺斤少两的棉线后，她会如何看国人？她会觉得国人的信誉不可靠。

做真实的自己，就是对自己诚实，对自己诚实的人，也绝不会欺骗别人。这样的人，能得到更多的人的尊重，也就能赢得事业的成功。